U0125818

# 心流的艺术

## 如何进入心流状态

[美] 达蒙·扎哈里亚德斯（Damon Zahariades） 著

武 震 译

机械工业出版社
CHINA MACHINE PRESS

心理学家契克森米哈赖把心流定义为一种将个体注意力完全投注在某项活动上的感觉。心流产生时你会忘记时间，具有高度创造力和生产力，同时产生高度的兴奋感及充实感。契克森米哈赖从理论角度阐述了心流，而本书的独特之处是从应用角度介绍了如何进入并保持心流状态。

全书每个部分都可立即上手操作，读者将拥有触发心流所需的所有工具。第一部分探讨了在心流状态下工作的好处，以及我们如何在生活的各个方面获益。第二部分探索了触发心流的环境以及如何管理它们，还讨论了阻碍心流实现的因素。第三部分是"如何做"的部分，介绍了实现心流状态的 10 个步骤，每个步骤都附有练习。第四部分讨论了如何延长心流状态。第五部分提供了训练我们的头脑进入心流状态的 10 项练习。

Translated and published by China Machine Press Co. Ltd. with permission from Art of Productivity/DZ Publications. This translated work is based on The Art of Finding FLOW: How to Get in the Zone, Maintain Razor-Sharp Focus, and Improve Your Productivity and Performance at Will by Damon Zahariades© 2023 Art of Productivity/DZ Publications. All Rights Reserved. Art of Productivity/DZ Publications is not affiliated with China Machine Press Co. Ltd. or responsible for the quality of this translated work. Translation arrangement managed by RussoRights, LLC and Copyright Agency of China Ltd behalf of Art of Productivity/DZ Publications.

北京市版权局著作权合同登记 图字：01-2023-4742

图书在版编目（CIP）数据

心流的艺术：如何进入心流状态 /（美）达蒙·扎哈里亚德斯（Damon Zahariades）著；武震译. — 北京：机械工业出版社，2024.6

书名原文：The Art of Finding FLOW: How to Get in the Zone, Maintain Razor-Sharp Focus, and Improve Your Productivity and Performance at Will!

ISBN 978-7-111-75790-0

Ⅰ. ①心… Ⅱ. ①达… ②武… Ⅲ. ①心理学 – 通俗读物 Ⅳ. ①B84-49

中国国家版本馆CIP数据核字（2024）第094759号

机械工业出版社（北京市百万庄大街22号 邮政编码100037）
策划编辑：侯春鹏 责任编辑：侯春鹏
责任校对：潘 蕊 王 延 责任印制：刘 媛
唐山楠萍印务有限公司印刷
2024年7月第1版第1次印刷
148mm×210mm·6印张·2插页·99千字
标准书号：ISBN 978-7-111-75790-0
定价：59.80元

电话服务 网络服务
客服电话：010-88361066 机 工 官 网：www.cmpbook.com
　　　　　010-88379833 机 工 官 博：weibo.com/cmp1952
　　　　　010-68326294 金 书 网：www.golden-book.com
封底无防伪标均为盗版 机工教育服务网：www.cmpedu.com

# 免费礼物

我想送你一份礼物，感谢你购买了本书。这是我所写的一份40页PDF版行动指南，名为《弹射生产力！完成更多事情必须养成的 10 大习惯》。

它很短，能很快看完，也足够丰富，能提供切实可行的建议，从而真正改变你的生活。

单击下面的链接，输入你的邮箱地址，你就能马上获得这份行动指南。

http://artofproductivity.com/free-gift/

接下来，你将学习如何在适合你的任何时间里触发心流状态。我们将循序渐进地一起探索整个过程。等你读到最后，你会发现拥有了随心触发心流状态所需的一切工具。处于心流状态中的你将会最高效、最有创造力地工作，并拿出最佳表现。

如果你准备好了，我们开始吧。

# 有关心流的箴言

最快乐的人大部分时间都处于心流状态——在这种状态下，人们专注于一项活动，其他一切似乎都不重要；这种体验本身是如此愉快，人们甚至会为了这样做而付出巨大的代价。

——米哈里·契克森米哈赖

这是生命所能达到的狂喜巅峰，即便生命本身也无法超越。生命的吊诡之处莫过于此，这份狂喜在一个人最活跃的时候出现，却又令人完全忘记自身的存在。<sup>⊖</sup>

——杰克·伦敦，《野性的呼唤》（1903）

这是生活的真正秘诀——全神贯注于此时此地正在做的事情。与其称之为工作，不如说它是玩耍。

——阿兰·瓦兹<sup>⊜</sup>

---

⊖ 本段引文引自刘晓桦翻译的《野性的呼唤》，文汇出版社，2018年版。——译者注
⊜ 阿兰·瓦兹（1915—1973），英国作家、演说家。——译者注

# 引　言

　　这种感觉你懂的。你无疑经历过不止一次。它发生时的感觉堪称神奇，甚至超现实；不发生时，又像是失去了某些重要的东西。

　　当然，我指的是在心流状态下工作的感觉。无论你正做什么，你都沉浸其中，其他一切逐渐消逝。你的注意力集中在手头的任务上。你变得高度专注。

　　多数人相信心流状态来自运气，是灵感降临的结果。他们认定这种状态不受控制。

　　但这是错误的。我们可以操控许多因素，使自己几乎可以随心所欲地达到心流状态。

　　我们稍后会谈到。

　　我在孩提时开始接触心流，彼时我还是个游泳运动员。出于未知原因，教练指定我为"长距离选手"，让我参加

1500米自由泳等项目。日常训练包含数小时的体能锻炼。

心流极少在短距离比赛（例如，50米自由泳）中出现，因为时间不够。一眨眼，比赛就结束了。然而长距离比赛中会出现奇怪的事情。瞬时的焦虑（"对手是不是紧追不舍""我必须完美地转身"等）会消失，一种平静取而代之。你进入了这个"心流境界"，其间你的动作的每个方面都分解为最简单的形式。

划水。打腿。呼吸。

即使你筋疲力尽，肌肉和肺部都在呼唤休息，但完成上述动作似乎很容易。你掌控一切，这让你感到满足，甚至享受。

从那时起，我就喜欢上了不断地在心流状态下工作。我在弹吉他、乐队排练（我参加了一个车库乐队）和即兴演奏时反复体验过这种状态。我毕业后在一家美国企业里审查表格时体验过这种状态。而现在，我经常在"心流境界"内写作。

事实是这样的：我学会了不将其（发现心流）归结为运气。我学会了不再等待灵感显现。相反，我发现了一种随意进入心流状态的方法。

本书的目的就在于此。接下来我将向你展示如何实现心流状态。你将学习在合适的时机进入"心流境界"，而不必等待命运或灵感的召唤。一旦掌握，你会获得现在看来难以置信的益处。

我们稍后也会谈到。

看看你会在《心流的艺术》中发现什么吧。

达蒙·扎哈里亚德斯

2023年5月

# 你会在《心流的艺术》中学到什么

本书的首要目标是：训练你在任何需要的时候达到心流状态。实现这个目标有两种手段。一是深入研究心流心理学，包括探究大脑的运行机制以及构建一个理论框架来支持我们提出的方法。二是主要关注实现心流的实际操作，包括探究它在现实世界的运作方式以及实现它的步骤。

我强烈支持第二种手段。如果你更喜欢第一种，心理学家米哈里·契克森米哈赖（Mihaly Csikszentmihalyi，心流心理学之父）非常细致地写了几本相关的著作。

你会注意到《心流的艺术》是一本简短的书。这是设计使然。所有章节要么可以立即实操，要么用以辅助可以立即实操的章节，没有废话。我喜欢阅读这种自我提升类书籍，希望你也是。

以下是一个快速导读，详细介绍了你在后文中将要读到的内容。

**第一部分**

我们将介绍实现和利用心流的几个基本组成要件。要充分理解心流如何改变我们的生活，必须首先了解心流是什么。

在"第一部分：何谓心流"中，我们将把这种积极的心理状态分解成最简单的成分，删掉围绕这个概念的无聊废话，直接审视其本质。我们将探讨在心流状态下工作的好处，以及如何在生活的各个方面利用它。

**第二部分**

这个部分开始进入实践。正如工程师必须了解车辆的部件如何协同工作以影响其整体性能一样，我们必须了解心流的各个方面如何运作。

在"第二部分：准备实现心流"中，我们将讨论恐惧的影响以及它如何阻止你进入心流境界。我们将探索触发心流的环境以及如何管理它们。我们还将讨论阻碍你具备实现心流状态能力的因素，因此你要准备解决它们，不让其引发问题。

**第三部分**

这是本书的"如何做"部分。我们将挽起袖子，研发一个进入心流境界的系统方案。

在"第三部分：实现心流状态10步走"中，你将学习并充分掌握一套可靠的方法来触发心流状态。每个步骤都有扼要的解释，并附有简单的练习。你可能会有所感悟，随时记下笔记并返回你读到的地方继续阅读。

## 第四部分

对心流状态了解得越多，你就越能有效地利用它。我们将根据自身的体验来扩展对心流的认识，就像一个厨师充分尊重手头的食材一样。

在"第四部分：更好地了解心流状态"中，我们将讨论如何判断你何时处于心流境界之内。我们还将讨论如何在适合的情况下保持这种状态。最后，我们将探索心流的阴暗面，这样你就会对避免（常被忽视的）麻烦做好充足的准备。

## 第五部分

训练自己随意实现心流如同训练自己成功完成任何其他任务一样。进行特定的练习活动可以磨炼我们的心态，帮助我们建立适合自己的常规秩序。正如运动员通过训练增强耐力和力量，我们也可以训练自己进入心流状态。本书的训练将简化实现心流状态的流程。

《心流的艺术》的最后一部分将带你完成 10 个简单的练习。你可以在任何适当的时间进行。与第三部分一样，你可能会有所体会并反复阅读此部分。

## 前方的路

下文要讲的内容很多，但我保证会迅速介绍完毕，以便你可以尽快应用这些信息。记住，本书旨在训练你随时进入心流境界。重要的是，行动起来！有目的的行动高于一切。

开始之前再强调一点：我强烈建议你完成本书所有的练习。它们简单易行，而且只花费很少的时间（每个练习都预估了时间，因此你可以根据自己的日程表制订计划）。

这些练习一直在帮助我，我觉得它们也会帮到你。

前进吧！

# 目 录

第一部分

何谓心流

01

心流的本质
实现心流的七大裨益
心流在生活各方面的实际用途

实现心流通常被误解为一种提高生产力的策略，这使人们无法享受它的全部好处。虽然在心流状态下工作可以提高工作效率，但工作效率的提高只是副产品，而不是我们要实现心流的主要原因。

在心流状态下工作的主要益处是它让我们更专注于我们所做的一切。全神贯注时的我们会感到更加充实、满足、快乐。

这些积极的感受丰富了我们的日常体验，而这为很多人所忽略。我们感到人生更有意义，决策和行动更有目的性，更容易取得显著的成果。我们享有更多的拥有感、赋能感和能动性。

最终，这些感受会激励我们完成人生大事——重要的是，以更愉悦和满足的心态去完成。

# 心流的本质

简而言之，心流是一种全神贯注的状态，所有的注意力资源都集中于当前的活动上。无论做什么，我们都会完全沉浸其中并拿出最佳表现。

运动员将心流描述为一种即使身体正承受着巨大的压力，也能让他们感到平静和充满活力的状态。学生将心流描述为对正在学习的科目高度敏感，从而注意不到周围的环境的状态。艺术家将心流描述为一种近乎恍惚的状态，在这种状态下，他们可以毫不费力、不受拘束地进行创作。

但这并不意味着在心流状态下工作很容易。当我们把自己逼到能力和对不适的忍耐力的极限之时，我们往往才会体验到最佳的效果。

## 心流需要挑战

在心流状态下工作的积极情绪源于征服一项具有挑战性的任务。如果一项任务很容易，那么完成它除了将其从任务清单上划掉之外不会有任何成就感。要求不高的事情没有吸引力。

据经常达到心流的人说，他们在做有难度的事情时感觉最投入。例如，心流状态下的运动员将身体逼到耐力的极限；学生竭尽脑力领会并掌握复杂的概念；艺术家与内心的批评者搏斗，努力让他们闭嘴。

正是在这些充满挑战的环境中，心流状态才成为可能。无论我们做什么，困难都会增加专注力，并使注意力更集中，乃至其他一切都消失在背景下。这么做的好处是，一旦引发心流，我们会体会到更大的参与感。

## 心流的平衡点

仅仅面对挑战是不够的，我们还必须具备直面它所需的必要技能。此外，技能应该与挑战保持平衡。如果我们缺乏迎接挑战所需的技能，可能会感到压力和沮丧；另一方面，如果我们认为自己拥有的技能远超挑战，则可能会感到无聊。这两种感觉都不利于在心流状态下工作。

当技能和感兴趣的任务之间达成恰当的平衡时，我们会同时体验到控制感和刺激感。我们觉得自己已经准备好迎接挑战，而不是感到焦虑或冷漠。我们会兴奋地——甚至备受鼓舞地——卷起袖子来搞定这项任务。

## 心流与过度专注的区别

继续阅读之前，我们必须区分心流状态和过度专注。两者经常被混为一谈，因而有必要认识它们之间的差异。我们前面描述了心流，讨论过在这种意识状态下工作是什么样的以及感觉如何。这是一种理想的状态，我们可以触发它并驾驭它来获益。

过度专注却不同，它通常源于无法管理注意力资源。一个过度专注的人会被任何吸引其注意力的任务所消耗。例如，一个孩子可能沉迷电子游戏，以至于听不到别人叫他的名字。一个成年人可能过度专注于家居改造项目，乃至忘记吃饭、错过约会。虽然这看起来类似于心流，但却与冲动和缺乏情绪控制有关。

人们通常会在注意缺陷多动障碍 (ADHD) 的背景下讨论过度专注。尽管表面上它与心流有些相同属性，但其潜在的触发因素不同。最重要的是，过度专注会造成不良影响，如果不加以管理，会产生严重后果。

本书重点关注心流，包括它的实现条件以及如何充分利用。为此，对过度专注的问题我们将不再赘述。

## 实现心流的七大裨益

如前所述，我们经常认为在心流中工作是提高生产力的一种方式。如果我们专注工作乃至完全沉浸式参与其中，便可完成更多任务。

某种程度上这是正确的，但在心流状态下工作还能让我们获取其他数不胜数的收益。仅专注于提高生产力会导致忽略其他好处。

以下介绍学习触发这种积极心理状态的七大裨益，以使我们充分珍视将要得到的一切。

### 好处一：更大的创造力

获得创造力最常见的两个障碍是恐惧和自我意识。无论想画风景、写小说，还是想创造性地解决工作中的问题，我们都会担心结果：有好结果吗？能达到别人的期望吗？会满足自己的期望吗？我们能做得更好吗？

处于心流境界中的我们不再恐惧和自我意识过剩。因为我们专注于创造性的体验，所以不会那么担心结果。

### 好处二：不受干扰

每当我们从事一项无法引起兴趣和攫取注意力的任务时，我们就容易受到内外干扰。内部干扰是我们头脑中的一切，例如自我怀疑和走神。外部干扰包括附近环境中的任何事物，例如社交媒体、电话和同事的交谈。

而当我们在心流状态下工作时，这些干扰就会消散。它们仍然存在，但不会被注意到。我们甚至意识不到它们，遑论被其打扰呢。

### 好处三：更快学习，更快掌握

大多数人都渴望学得更快。快速掌握某项事物使我们更能适应环境，创造更多价值，让我们欢欣于对新知识、新技能的掌握，以及让朋友觉得我们更有趣。问题是对许多人来说快速学习新事物都已勉为其难，精通似乎就更不可能了。

而在心流中工作可以加速学习的过程。处于心流状态时，我们不再受到分心、沮丧、焦虑和自我怀疑的妨碍。相反，我们对学习面前的内容感到兴奋。我们全神贯注于它，其他一切都隐没在背景中。

此外，我们学习这种新知识或新技能时会经历一个积极的反馈循环。对事物领会得越好，我们就越感到满足、自信和快乐；而这些感觉反过来又会激励我们继续下去，直到最终掌握。

### 好处四：幸福感增强

幸福有很多定义。但从本质上讲，我们将其视为一种以快乐和满足为特征的情绪状态，即幸福时会感到充实和满足。

它不是一个固定的状态。我们的幸福会随着环境、期望和情绪反应而波动。但是，如果我们的需求得到满足并且在做符合兴趣的事情，我们无疑会更幸福。在心流状态下工作会提升这种感觉。我们可以毫无焦虑地应对摆在我们面前的挑战，并在工作时获得成就感和满足感。我们享受正在做的事情，因为它符合我们的兴趣。重要的是，我们在做这件事时不会感到压力或难为情。在这种状态下，我们内心批评的声音和其他的内外干扰都会平静下来。

## 好处五：积极的压力

情绪压力通常被认为是我们对所处环境的消极反应。我们背负的责任使我们感到压力、惊慌，甚至恐惧。每个人在某段时期内都会感到压力。

由于这些负面影响，大多数人都试图尽量减少压力。但压力并不总是坏事，它并不总能伤害我们。在特定情况下，压力可能非常有益。

达到心流状态时，我们经常会体验到一种叫作良性压力（eustress）的东西。这是一种让我们充满活力的压力形式。

面对压力源，我们有信心克服它们。开展工作的压力是存在的，但我们并不焦虑，因为我们对自己的能力感到自信。

## 好处六：情绪控制

所有人都会偶尔情绪失控。当排队过程中被别人加塞时，我们会生气；当同事未能尽力而为时，我们会沮丧；当生活给了我们一个接一个的惨败时，我们会灰心。

承认情绪会时不时地不受控制并不可耻。我们可以学会调节——在心流状态下工作可以帮助我们做到这一点。

我们在心流境界中感到专注、自信和投入。我们不会觉得自己是在环境面前束手无策的受害者，而是相信自己有能力应对，能够理性且有目的地做出反应并克服困难。

## 好处七：提高生产力

我在上文中提到在心流状态下工作不只能提高生产力，而且我不鼓励仅仅关注这点好处，但是忽略它也同样是愚蠢的。事实上，研究表明，在这种状态下工作效率要高得多<sup>⊖</sup>。

原因显而易见：体验到与行动相关的积极情绪时，我们会表现得更好。我们更快乐、更自信、更有创造力、更有目标，这使我们能够更有效地工作，并最终提高工作效率。

我指的不是那种促使你在最短时间内从任务清单上划掉几十项的"生产力"，而是那种让你完成重要事务的生产力。你正逐步完成一些与你的目标一致的事情。

## 你愿意随波逐"流"吗

诸事皆有风险。通过持续学习在心流状态下工作，你将收获终生的、变革性的回报。你愿意为之求索吗？

此时此刻，你可能认为在心流中工作仅适用于运动员、创意人才和从事特定职业的人。这是不对的。事实上，进入心流境界中的你可以在人生的方方面面获益。

---

⊖ *Increasing the 'meaning quotient' of work* (2013, January 1). McKinsey & Company. https://www. mckinsey.com/capabilities/people-and-organizational-performance/our-insights/increasing-the-meaning-quotient-of-work.

## 心流在生活各方面的实际用途

每当你需要集中注意力时，你都可以受益于在心流状态下工作，包括上班时、在家里、在课堂上，甚至在空闲时间。

在工作中，无论你是农民、医生、水管工还是建筑师，进入心流境界都可以使你获益；而在家中，你也可以充分利用它的好处，无论你是在做家务、学习还是在冥想。你甚至可以在做园艺、阅读或做饭等闲暇时间里进入心流境界。

关键在于，你可以在心流状态中做很多事，其中一些有可能被忽视了。下面我们来探讨几种情况。

## 工作中的心流

无论你从事什么职业，都容易分心。专注和保持高效的能力总是不稳定的，会受到周围环境的威胁。

例如，如果你在办公室工作，可能要应付健谈的同事。如果你在医院工作，电话、病人和电子警报可能会严重破坏你的注意力。如果你是一名律师，客户的电子邮件和短信会让你难以集中注意力。如果你是一名软件工程师，你离沉迷网络只有一步之遥——这种干扰是个无底洞。

无论做什么工作，你都可以在其中创造心流体验。这样，你可以远离干扰并专注工作。你会变得做事更有效率，产出更高，并且感觉更投入。

## 家中的心流

想想你在家时会做些什么。这里有一些例子：

- 家务
- 锻炼
- 学习

- 冥想

- 家装改造

- 学习新技能

- 写日记

- 干副业

你可以在心流境界之内进行以上各项活动。此时你会愈加享受——哪怕是在做家务。你会感觉更清醒、专注和精力充沛。

## 创作中的心流

创造新事物是一种非常令人满足的体验，它会带来许多积极情绪。创作成功会让大脑充满多巴胺（一种让人"感觉良好"的化学物质）。

你可以进行哪些创作？以下是一个快捷列表：

- 用吉他或钢琴写歌

- 想象中的画

- 梦寐以求的小说

- 副业的新产品

- 给朋友的特别礼物
- 根据原菜谱做的新菜
- 为孩子研发益智游戏

处于心流状态时，你的创作过程会更容易，阻碍会更少。你不再分心，心中的批评者会沉默不语。你可以在没有焦虑和干扰的情况下自由地进步，否则你很难甚至几乎不可能创作出有价值的东西来。

## 课堂上的心流

上课可能会让人感到乏味，尤其是当你的老师缺乏魅力或讲得不好时。你会开小差，这导致你错过重要的内容。结果便是，背书更难、作业更难、考试更难。

心流状态会帮助你在课堂上集中注意力。即使课堂非常无聊，你也能更好地学习和记忆课上讲的内容。无论老师魅力几何，你都能更加沉浸地投入到所学科目中。

这会让你在上课时有一种完全不同的感觉。它不会让枯燥的讲座或沉闷的讲师变得更令人兴奋，但它确实可以帮你掌握所学，从而更容易写好作业、考好试。

## 运动中的心流

许多因素会对你的运动表现产生负面影响，无论是业余的还是专业水平的比赛都是如此。你的表现不只源于体能和对这项运动的掌握程度。如果专注、放松并关注身体，你可能会表现出色；而如果感到压力、沮丧或心事重重，你的表现就会受到影响。

运动员报告说，在心流境界中，他们完成动作似乎毫不费力。他们说，随着与生活中其他方面相关的压力因素逐渐消失，他们会平静下来，体验到更大的控制感和自信。当他们意识到自己表现良好时，自我怀疑就会烟消云散。

若以心流状态比赛，你就可以专注于当下而不必担心结果。你全神贯注于眼前的行动和情境，集中注意力不分神。你全情投入、热情洋溢，而不是漠不关心、无动于衷。

## 闲暇时的心流

我们往往认为闲暇时间是琐碎无聊的。如果我们正在做的事情与工作、家庭或有意义的事业无关（例如，粉刷房子、整理房间等），它就不可能很重要，对吧？

错。心理学家认为，花在娱乐活动上的时间对我们的身心健康至关重要[⊖]。它可以帮助我们控制压力和焦虑，使我们的心情好起来。根据活动的不同，闲暇时间也可以给我们带来成就感，让我们充满积极的情绪。

想想你在空闲时间喜欢做的事情，以下是几种可能：

- 烹饪
- 阅读
- 弹吉他
- 园艺
- 绘画
- 解谜
- 编织
- 下棋
- 雕刻

你有没有过在空闲时间做你最喜欢的活动，但却无法尽情享受的时候？或许你为生活的其他方面所困。也许你因为

---

⊖ Tonietto, G., Malkoc, S. A., Reczek, R. W, & Norton, M. I. (2021). Viewing leisure as wasteful undermines enjoyment. *Journal of Experimental Social Psychology, 97,* 104198. https://doi.org/10.1016/j.jesp.2021.104198.

和你的爱人为一点小事便发生争吵而感到后悔。也许你正在
等待一个重要的电话，从而无法专心。

如果你能暂时摆脱所有笼罩在你头上的压力源，那会怎
样？如果你能在心流状态下进行你最喜欢的娱乐活动，那会
怎样？

你能够完全沉浸其中。你可以心无旁骛地做饭、阅读或
养花。你能够真正享受闲暇时间，并收获身心健康的福报。

## 心流不限于生产力

我在本章中试图表达的观点是，我们可以通过或许不明
显甚至反直觉的方式从心流体验中获益。这与提高生产力和
完成更多工作无关（尽管这是心流最典型的外在结果）。相
反，它关乎一种更愉快、更有价值的生活体验。

当我们经常体验心流状态带来的参与度和沉浸感时，
我们会感到更加满足，对花费时间和注意力资源的方式更
满意。我们的思想变得更清晰，生活对我们来说似乎更有
意义。

这对我们的前途有重大影响。与其挣扎度过每一天，不
如感觉自己的行为与目标和爱好息息相关。我们感觉似乎行

动的目的和决心更强了。因此，每一天都不再是一场乏味的斗争，而更像是一场必胜的挑战。

　　你想经常体验这种感觉吗？如果你想，那就一起来为学习触发心流体验打基础吧。

第二部分

准备实现心流

02

所幸，我们不必等待这种状态自己到来，不必依赖灵感。一旦了解触发心流体验的原因，我们就可以在合适的时间和环境中将它唤来。

它没有任何形而上或超自然的东西，只需要练习。与任何技能一样，做得越多，就会越好、越容易。

在我们采取必要步骤来触发心流之前，我们需要了解起作用的因素。只需一点儿准备就会大有帮助，正如在转动钥匙起动汽车之前了解车辆方向盘和踏板的功能一样。

为此，本节将建立理论框架。我们将讨论恐惧对心流体验的影响以及有助于触发心流体验的因素。我们还将探索心流最常见的敌人，这样你就可以在出现问题之前避开它们。

# 夯实基础

你肯定经历过心流。那时你可能没有意识到，但你已经进入了心流境界，完全沉浸在你手头的事情中。你可能忘记了时间。你可能没听到来电和短信，甚至错过了一两餐。

你没有试图进入心流状态。它只是发生了。你很享受它，因为你正在全力以赴，尽力而为。

这教给我们，在条件合适时，你的思维经常能自行实现心流。这正是能够随心所欲进入心流状态的关键。问题是你是否能够事先设定某些条件，以便有效地触发心流体验。

## 潜意识的关键作用

实现心流需要你在心流境界内轻松自在地做任何你想做

的事情。这种平静感来自熟练。如果你已经掌握了一项技能或活动，可能会觉得做起来很舒服，因为潜意识为你做了很多繁重的工作。

例如，假设你是一名出色的游泳运动员。你已经训练多年，很大一部分游泳动作形成了肌肉记忆。比赛时，你不必考虑如何做出自由泳、蝶泳或你所参加的任何项目的每个动作。你的潜意识知道它在做什么，并且会替你完成。因为你不必每时每刻都思考，所以可以更快地进入心流境界。多年的训练使之成为可能。

现在让我们考虑相反的情况。你正在学习如何游泳，由于没有肌肉记忆，所以你的潜意识无法接管这些动作。你专注于如何执行每个动作、每次划水；你关心如何恰当地呼吸；你全神贯注于如何正确地转身。在这种情况下，你几乎不可能找到心流。因为感觉不自在，你的大脑会工作过度。

你必须先打开潜意识才能进入心流境界。这只有在你执行擅长的活动时才会发生。你必须熟悉它才能激发潜意识，至于那是创造性的、体力的还是智力的活动并不重要。

好消息是，这是自然发生的。你越有经验、越熟练，你的潜意识就越渴望登场并准备好为你赴汤蹈火。

## 你的日常生活和习惯如何帮助你

很多人喜欢突发奇想，一时冲动采取计划外的行动，这对他们来说似乎既有趣又刺激。但实际上，大多数人都是在日常生活中不断进步的。我们是习惯的产物。

这是个好消息，因为它与学习如何触发心流体验有关。上文提到我们的潜意识在实现心流中起着关键作用，并且还指出，当我们做自己擅长的事情时，大脑的这一部分就会被激活。开展刺激潜意识的日常活动可以为进入心流状态铺平道路。

我们养成了一连串的习惯，每次我们希望进入心流状态时都会执行它们。这个过程称为习惯叠加（habit stacking）。这些常规习惯源自我们为激发潜意识而形成的行为模式。它们会触发我们的潜意识，让其处理行为中的细节。这样我们便不容易意识到这些细节，从而达到意识的完全沉浸。

为此目的而构建的常规和习惯会是独特的，而且符合你的偏好。它们可能包括到外面走一小段路、听特定类型的音乐，或者做呼吸练习。我们将在第三部分中更详细地讨论这个问题。

## 实现心流不可或缺的条件

心流体验需要特定情境起作用。真正进入心流境界须满足三个条件。

首先，必须牢记一个特定的目标。理想情况下，它来自对我们很重要的事情（而非老板的压力或他人的期望）。

其次，必须确信能够成功地完成所做的活动，有信心克服遇到的任何挑战。

第三，必须有反馈循环。这个反馈循环为我们的行动提供了持续的、即时的评估，告诉我们是否走在实现目标的正确道路上。

当这三个条件都具备时，触发心流状态就容易多了。但如果它们没有到位，就几乎不可能实现心流。

# 恐惧如何阻碍心流

恐惧可以于我们有益。它提高了态势感知能力并保护我们免受危险。当错误决策可能导致不幸时，它促使我们保持谨慎。在某些情况下，这对我们的生存至关重要。

但恐惧也可能成为绊脚石。如果不加限制，它会让我们感到压力、焦虑，甚至恐慌。这会损害决策能力，甚至会麻痹思想，使我们无法采取行动。

我们处于这种状态时很难集中注意力。除非摆脱这种恐惧，否则我们几乎不可能享受到心流体验。所以我们来仔细看看这种潜在的有害情绪。本节将简要讨论你可能遇到的恐惧类型以及如何管理它们，以免它们妨碍你实现心流。

## 恐惧如何劫持你的思想

大脑深处有两个椭圆形结构，共同构成了杏仁核。杏仁核的功能之一是处理它认为可能对我们的身心健康构成威胁的刺激。它促使我们对负面刺激做出反应以确保自身的生存。受到刺激时，它会触发"战斗或逃跑"反应<sup>⊖</sup>。

这是对大脑一部分复杂结构的极简说明，但已满足我们探索心流体验的目的了。

心理学家丹尼尔·戈尔曼在其著作《情绪智力》（*Emotional Intelligence*）中发明了"杏仁核劫持"（amygdala hijack）一词。这种对潜在威胁刺激的情绪反应凌驾于我们大脑的理性功能之上。理性和理智被杏仁核"劫持"，使得我们以与环境不相称的方式做出反应。

例如你正开车去上班，而另一个司机无意中加了塞。你惊慌失措地转向一边，避免了撞车，但你很生气。你追上违规司机，大喊大叫，而且用一种极端的方式向其竖起中指。

此时杏仁核劫持了你的大脑，引发了不当的情绪反应。

---

⊖ "战斗或逃跑"（fight or flight）是一种神经系统的应激反应，通过大量释放肾上腺素使人体迅速做好准备应对或逃离外部危险。——译者注

你很安全，没有受伤，但很生气；这种情绪状态会刺激你大发雷霆。

理解这个过程很重要，因为我们在任何特定时刻所经历的压力和焦虑都会阻碍心流实现。当我们无法控制恐惧时，它会在不知不觉中妨碍心流实现。我们的压力水平会上升，注意力资源会转而对引起恐惧的刺激做出反应。

运动员时常遇到这个问题。他们对一项重大赛事的焦虑和紧张（比如害怕失败）使之无法集中注意力并进入心流境界，最终恐惧会损害他们的表现。

一旦我们学会管理恐惧并控制自己对负面刺激的情绪反应，就能更好地触发心流体验。

## 阻挡心流的 10 种恐惧

在正确处理恐惧之前，我们必须先认识那些折磨我们的恐惧类型。它们因人而异，阻碍你的心流的那种恐惧未必会影响别人。以下是妨碍我们的10种常见恐惧类型。

1. 害怕失败
2. 害怕成功
3. 害怕改变

4. 害怕批评

5. 害怕羞辱

6. 害怕错过

7. 害怕犯错

8. 害怕未知

9. 害怕责任

10. 害怕承诺

你几乎肯定经历过上面列出的恐惧类型，甚至可能正在不堪其扰。你不是一个人。每个人都会在某个时刻遭受折磨，有些人甚至经常如此。

比如说，我经常为变化和对未知的恐惧所困扰，据我父母讲，我从小就这样。成年后我学会了应对这些恐惧，但这耗费了很多时间和精力。幸好它们不会再阻止我进入心流境界了。

同样地，一旦你能够应对那些经常妨害你的恐惧，实现心流就会容易得多。

## 如何克服恐惧和焦虑

这里不可能充分探讨这个重要话题，有些书整本都在讲它<sup>⊖</sup>。不过，我可以提供一些帮助我克服恐惧的小建议，可能也会对你有所助益。

首先，确定你的恐惧是什么。这听起来像陈词滥调，但人应对恐惧时很容易选择逃避或无视。我的经验是，这行不通。我们必须愿意面对某种恐惧或焦虑，才能应对好它。我们必须承认它的存在。

其次，记录你何时经历恐惧以及何种情境会触发恐惧。这会反映你的行为模式。一旦恐惧暴露出来，你就更容易有效地管理它们。

再次，当恐惧抬头时，停下你正在做的事情，问问自己这是否理智。人很容易灾难化一件事。我们经常假设最坏的情况会发生，即使过去的经验并不支持这种假设。这个练习帮助我意识到我对变化的恐惧几乎总是无根无据的。

最后，恐惧的时候运用你的想象力想象成功。例如，如果你有一个工作面试，但你对此感到焦虑，闭上眼睛，想象你被录用并完全享受新工作的场景。有时，这被称为"显化"，如果你对这个概念感兴趣，可以做进一步的研究。

---

⊖ 盖伊·亨德里克斯（Gay Hendricks）的《大飞跃》（*A Big Leap*）和拉斯·哈里斯（Russ Harris）的《信心差距》（*The Confidence Gap*）非常棒。

我不想贬低克服恐惧的过程的重要性。这可能是一个复杂而有挑战性的考验，尤其是当根深蒂固的问题引发了恐惧时。即便如此，以上小提示曾帮助过我，我真诚地希望它们也能帮到你。

# 触发心流的诸多因素

在"夯实基础"一章中我们讨论了进入心流境界的三个主要的条件：

1. 简单直接的目标
2. 克服随之而来的挑战的信念
3. 正反馈循环

每个要素都必须到位才能实现心流。一旦它们都树立起来，我们就成功一半了。从此以后，我们可以在诸多可靠方法的加持下触发心流。

作家史蒂芬·科特勒在他2014年的书《超人崛起》（*The Rise of Superman*）中提出了17种触发心流的因素，并将其分成4类。下面，我们将探讨这几类因素，了解我们如何能够始终如一地运用这些方式来发现心流。

## 4 类引发心流的因素

心流的触发因素促使我们专注于手头的任务，是驱使我们走向心流状态的感官线索。虽然进入心流境界总是有意为之的（我们将在第三部分中介绍这些步骤），但这些因素作为行为提示为触发心流铺平了道路。

科特勒将它们分为如下4类：

- 认知因素
- 环境因素
- 创造性因素
- 社会因素

认知因素出自大脑，包括高度专注、有明确的目标、拥有与该目标相关的适当技能水平，以及通过某种方式接收对努力的反馈。后三条与进入心流境界的三个条件几乎没有区别，它们对进入心流境界都至关重要。

注意："适当的技能水平"并不仅仅意味着我们能够执行任务。我们必须感受到任务的挑战性，同时又不觉得它无法完成。我们必须既不感到无聊，也不感到重压。

环境因素来自周围，包括造成严重后果的风险、动态环境以及对所有外部刺激的深刻认识。我们来迅速地展开谈一下。首先，导致不良结果的危险促使我们专注。例如，运动员可能害怕输掉比赛，这种不好的结果刺激了他们的注意力。

其次，动态环境呈现出一定程度的随机性和不确定性，刺激我们的感官并迫使我们集中注意力。例如，假设你正在进行漂流，你需要集中注意力观察河中水流和附近岩石的位置。

再次，对外部刺激的深刻认识指的是处理感官数据。提供丰富感官刺激源的环境会激励我们集中精力。我们感觉与周围环境紧密相连，这解放了我们的注意力资源。例如，猎人会敏锐地感知声音、气味和其他感觉信息。

创造性因素与心流体验有着复杂的关系。科特勒认为两者构成一个循环，互为因果。创造力有助于触发心流，而心流又会进一步激发创造力。这个过程将我们逐步拉进心流境界中。

苹果创始人史蒂夫·乔布斯认为，新创意的产生源于觉察到输入信息间的关联。正如他的名言所说：

创造力只不过是把事物关联在一起而已。如果你问有创造力的人是如何做成某件事的，他们会有一点愧疚。因为他们并没有真正"做"事情，他们只是能"看到"东西，一段时间之后，该怎么做就会变得非常明显。这是因为他们能把自己的经验关联起来，综合而成新的东西。

这个感悟与利用创造力触发心流不谋而合。当我们识别出模式和联系时，大脑会释放神经递质多巴胺。这会加强注意力，帮助我们进入心流状态。

社会因素来自团队环境。我们往往从个人的角度来考虑心流体验，但它也可以存在于为实现共同目标而合作的团队中。

某些社会因素与我们讨论过的其他因素相似，包括高度专注、明确的目标和出现不良结果（如失败）的风险。科特勒还指出了该类别独有的其他因素，用他的原话列举如下：

- 良好的沟通
- 熟悉度
- 自我的融合
- 控制感

- 密切的倾听

- 永远说"是"

我来解释一下上述一些因素的意思。熟悉度是指团队成员之间的共同语言，它不一定必须是口头语言（例如，棒球中的手势），只需能被所有成员理解即可。

自我的融合（blending egos）指的是团体中没有任何一个成员会受到重点关照，所有人都平等地参与其中。

控制感是指每个成员都享有利用自身技能来履行职责的自由。当团队追求共同目标时，每个成员都可以自由地以适合自己的方式来执行各自的任务。

永远说"是"不意味着在团队中当个吉祥物或者小喽啰。相反，这意味着团队成员的关系应该建立在彼此贡献，而不是贬低或争吵的基础上。

以上就是科特勒描述并分为4组的心流的触发因素。当然，了解它们只是利用它们的第一步。

## 你应该关注哪些触发心流的因素

前面提到的一部分触发心流的因素是不可或缺的，例如实现心流需要专注、清晰的目标、正反馈循环及足够的技能来应对挑战，实现目标（即认知因素）。

所有这些因素对引发心流体验都很重要，不过在不具备某些因素的时候也有可能实现心流。例如，根据我们的情况和所做工作的类型，对外部刺激的深刻认识可能不是必需的，或者至少不那么重要。同理，若我们独立工作，那么科特勒的社会因素就不太相关。此外，某些因素或许更与个人特征和具体情形相关。

我建议你对每个心流的触发因素进行试验，并根据你的活动监测它对你的影响。比如说，做一些有不良后果风险的事情，看看这种风险是加强了还是分散了你的注意力。

另一个例子：在不同的环境中（例如，独自在家、在熙熙攘攘的咖啡店等）做你所选的事情，然后记录下每种环境对你的影响。动态环境中的因素是刺激了你的感官并帮助你将注意力集中在工作上，还是干扰了你的思维，使你难以集中注意力？

重要的是，实现心流对我们每个人来说都是不同的体验。本书旨在帮助你创建一个适合你自己的流程。

# 心流最可怕的敌人

尽管心流的触发因素对进入心流境界十分关键，但它只处于等式的一侧。另一侧的重要性也不遑多让，那就是心流的阻碍因素。它们是心流的敌人。任其发展，它们会阻止我们进入心流状态，哪怕我们用尽所有触发因素。

好消息是，我们不必成为这些心流杀手的受害者。我们可以正面解决这些问题以确保它们不会成为障碍。下面，我们将详细考察那些阻碍心流的最恼人的因素，并讨论解决它们的实用技巧（注意：这是本书内容最长的部分，但我保证值得一读）。

## 分心

人在分心时几乎不可能进入心流状态。无论我们试图完成什么，注意力都会被（经常往不同方向）引开。

我们常认为分心是受到周围环境的影响。在工作场所，聒噪的同事、不重要的会议和无聊的八卦使注意力难以集中。附近的建筑工人、吵闹的孩子和不请自来的邻居则会破坏我们在家时的注意力。当然，我们还不能忽视手机、互联网和社交媒体的影响。

但分心也可能由内而生。我们的想法和情绪会打乱注意力，使我们无法享受心流体验。例如，我们可能会担心财务状况，思忖人际关系，或者为最近的决定而苦恼。有的人还会陷入自我怀疑（下文会更详细地探讨这个麻烦）。

我们可以采取措施减少和消除许多阻碍心流实现的干扰。我们可以先于同事抵达办公室，可以戴上耳机来降低噪声并防止打扰，也可以（至少在一段时间内）关上办公室的门并对不强制要求出席的会议说"不"。

在家里，我们可以要求家人不要在工作时打扰自己（除非有紧急情况），可以和邻居保持距离，不让他们随心所欲地来访，也可以创建一个任务管理系统，使自己暂时忽略掉其他事务，因为我们知道自己迟早都能完成它们。

源自内部的分心更复杂一些。许多人发现经常锻炼、充足的睡眠和健康的饮食有助于管理自己的想法和情绪。其他人则受益于冥想、治疗以及视觉线索和提醒。注意力不集中的情况对每个人来说都各不相同，因此解决这些问题的步骤也必须因人而异。

## 一心多用

很多人骄傲于可以一心多用。他们相信自己能在忙碌甚至混乱的环境中得心应手，巧妙地将注意力分配给多项任务。但这种想法是错误的，是一种幻想。

我们的大脑并不像许多人认为的那样能一心多用。它不能同时处理多个任务，而是在它们之间来回切换（恰当的说法是"任务切换"，task switching）。问题在于，任务切换会带来高昂的代价。每当注意力从一项任务转移到另一项任务时，我们的工作重心就会被打乱、工作势头就会被打断，这就是切换成本。人一旦想一心多用就会遭到惩罚。

如果我们想随意地实现心流，就必须克制内心想要一心多用的冲动。下面是一些小建议：

- 工作时关闭手机（如果可能的话）。

- 定一个有效的任务清单（要确定任务的优先级并估计完成每项任务需要多长时间）。

- 如果没有空闲时间（请参照你的任务清单），就拒绝他人的请求和邀约。

- 整理工位。

- 把胡思乱想的思绪写下来，以防它们消耗你的注意力资源。

- 工作时不要检查电子邮件。

- 训练自己一心一用（从小事做起，比如一开始先花5分钟只做一件事）

我用以上方法改掉了一心多用的习惯，尽管费了一些时间，但奏效。如果你长期一心多用，我建议你试试这些方法。

## 自我怀疑

每个人内心都有一个批评者，这是一种内心独白，它不断地贬低我们的想法、决定和行动。它使我们质疑自己的判断，削弱我们的信心和自尊。如果不加以管理，它最终会为羞耻感、无力感和其他悲伤情绪敞开大门。

对有些人而言，这种心声是进入心流状态的最大敌人。尽管这些批评毫无道理，我们还是纠结于此并放大怀疑。我们对自己的技能和知识失去信心，这损害了我们实现心流的能力。

我们必须学会让内心的批评者噤声，并消除对自己能力和本领的怀疑，这是实现心流的先决条件。如果你内心的批评者不受控制，那么每当它发作的时候就试试下面的方法：

- 用第二人称写下你内心批评者的控诉，比如把"我永远找不到爱我的人"写成"你永远找不到爱你的人"。这个策略会斩断你对这种控诉的联系。你会更有可能质疑它，而不是照单全收。

- 批驳这些控诉，要求提供证据，然后仔细核查（它经受不住这种考验）。

- 回想反驳这些控诉的事实，比如你在工作上得到的正面反馈，再想想你成功的那些事。

- 想象给受类似指控的朋友提建议。例如，你不会对朋友说"你既无能又无用"，而会说"你犯了错，很严重。但孰能无过，这不是世界末日"。同样地怜惜你自己吧。

重要的是，要记住我们内心的批评者的说法是毫无根据的，它们源于对过去事情的严重夸大。例如，分手后，它可能暗示我们令人厌恶并且永远也找不到爱我们的人。在工作中收到建设性意见后，它可能会暗示我们无能且无用。

这一点（毫无根据）是内心批评者的阿喀琉斯之踵，因为这暴露了其主张的虚假。一旦我们认识到它的不诚实，批评的声音对我们的影响力就会减弱，甚至可能会随着时间的推移逐渐消亡。

## 完美主义

完美主义是不现实的，但是许多人都忽略了这个事实，仍然对其乐此不疲。有时，这种倾向不过是一时的欲望而已。理性终究会接管一切，一旦意识到不切实际，我们就会放弃追求完美。

然而有些人痴迷于完美主义。我们被它消耗殆尽，不愿接受任何不符合这种不合理的、自我强加的期望的结果。我们在未达预期时就会责备自己，感到难过、焦虑和沮丧。

完美主义与心流是相悖的。我们越专注于完美，对自己的技术和能力就越不自信，觉得事情终归走向失败，而不是将其视为一种挑战（这是实现心流的必要条件）。这种态度阻碍了我们达到心流状态。我们害怕失败到了难以专心致志的地步。

如果你为完美主义所害，试试下面的方法吧，它们会帮你克服掉它。

- 当你犯错时，记住这并不意味着灾难。大多数错误可以修正，有些则可以忽略不计，因为无关紧要。

- 扪心自问，投入进追求完美主义的时间、努力和压力与你的目标相比是否值得。这会敦促你着眼全局。

- 把你的努力看作"初稿"。初稿是有错误的，承认这些错误可以在后续几稿中改掉，会减轻你对犯错的恐惧。

- 追踪并庆祝你的进步。你可以在不断犯错的同时做成一些值得庆贺的事情。

- 提醒自己为什么要做这件事。这会让你形成大局观，而不是困在细枝末节上。

进入心流境界需要摒弃完美主义倾向。只有抛开注重完美的想法，我们才能真正舒适地发挥能力。能够克服任何挑战的确定性取代了焦虑，这种信心给了我们信任自己的自由。

## 压力

压力是隐形的心流杀手。它生于沉寂，以我们因经历具有挑战性的环境而产生的消极思想和情绪为食。它一旦站稳脚跟，就会垄断我们的注意力资源。它会削弱集中精神的能力，占据头脑空间并增加焦虑。

压力环境有时源于重大的创伤性事件，例如离婚、重伤或亲人去世，但它更常见于未解决的问题和更小的事件。例如，我们可能会因金钱问题、高压的工作场所、孤立和孤独而感到压力，也可能因为与配偶争吵、与同事发生冲突而感到压力。

如果我们未能正确管理压力，它就会不断累积，直至控制我们的思想、决定和行动。这种无处不在的影响将挫败任何进入心流境界的尝试。

如果你的压力水平经常达到无法集中注意力的程度，试试以下小技巧：

- 腾出时间进行娱乐活动。做你感兴趣的事，读小说、听音乐、下围棋，确保你乐在其中。把这些时间安排进你的日程表里。

- 保重身体。锻炼、拉伸、走步。
- 保护大脑。冥想、练习深呼吸、不看新闻。
- 睡眠充足。养成改善睡眠的夜间习惯（比如说，睡前不要使用电子设备）
- 花时间与可以坦诚地谈论感受和问题的人在一起。

这些建议只是冰山一角，全方位的压力管理需要更深入的调查研究。不过上述小技巧是一个很好的起点。

需要说明的是，我们这里所说的压力指的是负面压力，是会增加焦虑并触发"战斗或逃跑"反应的那种。良性压力（eustress），即正面压力的一种，是我们脑中化学反应的另一部分，它使我们兴奋、备受激励和充满活力。我们可能会在做假期规划或开始一份新工作时体验到它。

## 过度承诺

我们很容易养成对所有事情都说"是"的习惯，即使知道自己应该说"不"。我们想帮助别人，想避免冲突，想接受邀请，而不想错失机会或有益的经历。但这种边界感的缺失使我们几乎不可能享受到心流体验。

问题在于，对所有事情都说"是"意味着过度承诺。我们不经意间在日历上塞满了太多东西，以至于没有时间留给自己，没有时间放松和充电，没有时间留给兴趣爱好，没有时间管理身体、心理和情绪健康。

更糟糕的是，我们担心无法满足他人的期望。如果答应帮助某人，那个人会对结果满意吗？如果接受邀请，发出邀请的人会很高兴吗？

我们最终会感到焦虑，感觉自己被向太多的方向拉扯。我们的心态变得疲惫不堪，实现心流所需的明确性和平静感消失了。

简单的解决办法是学会说"不"。然而简单并不总是意味着容易，事实上，你可能需要数年的谋划才能实现。这里有一些有用的提示，可以帮你用说"不"的习惯代替说"是"的习惯：

- 永远知道对你重要的是什么（你应该把时间花在这些地方）。
- 认识到说"不"时拒绝的是对方的请求，而不是提出请求的人。
- 想出几句恰当的回复（比如说："我很乐意帮忙，但是现在实在腾不出手来。"）。

- 提供替代方案（例如："我今天和明天的日程安排得很满，可以周四再帮你吗？"）。

- 坦率而明确（说"不，我今晚无法参加"而不是"嗯，不好说……"）。

- 逐渐适应错过一些事。

学会说"不"是避免过度承诺陷阱的最好方法。它让我们可以自由地优先考虑对自己重要的事情，而不是将有限和宝贵的资源用于别人的当务之急。在此过程中，我们避免了被向太多方向拉扯而导致的恐惧和焦虑。相反，我们享受到了一种控制感和平静感，这有助于扫清通向心流体验的道路。

## 过度疲劳

我们在因持续的压力而感到精神和情感疲惫时，就会精疲力竭。这通常是针对工作而言的。我们在压力下长时间工作（有时是不喜欢的工作），最终，赶不完的截止日期、参与感的缺失以及工作/生活的不平衡都会造成巨大的伤害。我们最后感到愤世嫉俗和情绪低落，变得焦虑和易怒。如果不加以控制，过度疲劳会导致抑郁、自我孤立和药物滥用。

这个问题也可能发生在家里，并且随着越来越多的人远程工作而变得更普遍了。就业网站 Monster 在 2020 年进行的一项民意调查发现，69% 的远程办公人员在家工作时出现过劳症状[⊖]。

毫无疑问，过劳与心流之间存在负相关关系，被前者折磨的时候就体验不到后者。这种情况是显而易见的，也有研究证实。2022 年发表的一篇对 18 个实证研究的评述指出，常见的过劳症状（疲惫、愤世嫉俗、半途而废等）会阻碍心流实现[⊖]。

幸运的是，如果我们正在与过度疲劳周旋，可以采取一些行动来管理和克服它。这几个简单的步骤有益于对抗过度疲劳：

- 与家人、朋友和同事联系。社交互动可以缓解压

⊖ *Monster poll results from work in the time of coronavirus.* (n.d.) https://learnmore.monster.com/poll-results-from-work-in-the-time-of-coronavirus.

⊖ Aust, F., Beneke, T., Peifer, C., & Wekenborg, M.K. (2022b). The Relationship between Flow Experience and Burnout Symptoms: A Systematic Review. *International Journal of Environmental Research and Public Health, 19(7)*, 3865. https://doi.org/10.3390/ijerph19073865.

力，不过要远离消极的人。

- 重新思考对过劳来源的看法。例如，如果你是一名教师，就把精力集中在帮助学生，而非应付行政人员而带来的挫败感上。如果你是大学生，请关注学习的原因而非作业量。如果你是公司员工，则专注于你对项目的贡献，而不是日常的苦差。

- 设置边界。多说"不"。

- 定时休息。无休止地工作很诱人，尤其是截止日期临近的时候，但是花几分钟时间休整可以帮助缓解压力。

- 重视养生。获得充足的睡眠，保持健康的饮食。要锻炼，即使每天只有几分钟。

过度疲劳是个严肃的问题，它不仅会阻止我们进入心流状态，更会对生活质量产生严重影响。当我们采取有目的的措施来管理或避免过劳时，就维护了心理、情绪甚至身体健康。如此一来，随心所欲地实现心流就变得更加容易了。

## 缺乏明确性

明确性是玄学。明确目的，明确目标，明确当务之急和意图。当我们清楚地知道为何奋斗，生活就变得简单了。我们的行动和决定是经过深思熟虑的，因为它们由明确的目标所驱动。例如，一位登山者渴望到达山峰的顶端，这种确定感推动着他，使之全神贯注。这会帮助他进入心流境界。

当我们不清楚自己的目的、目标和当务之急时，会感到漫无目的、迷失方向。我们开始质疑动机，并对行为和决定犹疑不决。缺乏明确性时是很难自信地采取行动和做出决定的，在这种心态之下也实现不了心流。

许多事情会严重破坏我们的明确感。例如，与所爱之人的冲突、对满足他人期望的过分执着及因睡眠不足而导致的疲劳，都会扰乱我们的思绪，从而为实现心流设下心理障碍。

那么，如何获得明确感？如何搞清我们的目的、目标和当务之急？以下提示会有所帮助。

- 具体写下你希望在短期内实现的目标。例如，"我想在下次考试中取得满分""我想在这次比赛中打破自身记录"或"我想在月底前写完这本小说"。
- 表达你想要实现这个目标的原因。理由越清楚，需要采取的行动就越明确。
- 确定如何衡量成功，越简单越好。比如，为下次考试设定最低分数，这样你立刻就知道是否达成了目标。

- 理性判断失败时的最坏情况。它几乎肯定没有你臆想的那么严重。

- 制订应急计划。确定未实现目标时的补救措施。你会花更多的时间准备下一次考试吗？你会修改你的锻炼方案吗？你能保证每天写更多字吗？

我们可以通过持续不断地、有条不紊地实施上述方法来弥补模糊不清的目的、目标和当务之急。这会减轻我们在漫无目的和不确定的状态下采取行动和做出决定所引发的焦虑。与之相反，我们会享有随着一个清晰、简单的目标而来的平静感、确信感，乃至信念感。

一旦能够处理这些问题，我们就能更好地触发心流体验。针对这些问题做好管理可以消除那些最可怕的障碍。到那时，实现心流不过是遵循一个简单的行动计划而已。

# 第三部分

## 实现心流状态 10 步走

03

心 流体验因人而异。虽然它的某些特性 (例如, 高度专注、轻松自如和控制感) 普遍存在, 但其他特性则不然。人、事有分别, 心流也有独特性。

例如, 运动员经常报告说, 他们在心流境界中对自己的心跳、呼吸和肌肉紧张非常敏感。学生们说, 他们在心流状态下学习时常常忘记吃饭、约定和其他承诺。而在家工作的人说, 他们在心流境界中感到平静和满足。

尽管每个人的心流经历不同, 但触发它的过程却高度相似。这其实是好事。这意味着我们不必为了完美地实现心流而仰仗那些我们无法控制的状况。我们可以随心所欲地引发心流。

这一部分将教你如何去做。友情提示: 与其他任何技能一样, 学习触发心流需要练习。我为这10个步骤中的每一步都添加了相应的简单练习, 这会对你有所帮助。我强烈建议你去做这些练习, 最好以适合你的节奏去做。

我们深入了解一下吧。

# 第一步：

# 制定并遵守引发心流的例行程序

　　大多数人都有每天的例行程序，它们赋予我们的生活以结构感。早上来一套例行程序，帮助我们以积极的态度开始新的一天；晚上做另外一套，帮助我们放松下来，为第二天做好准备。

　　这些例行程序让我们活得更有效率，帮助我们在不必强迫自己计划每个步骤的前提下把事情做好。例如，我们不必专门考虑睡前刷牙这件事，因为它是晚间流程的一部分。

　　例行程序发挥着另一个关键作用，它们对于触发心流状态非常有用。它们向我们的大脑发出信号，表明某些事情即将发生，这样便提醒大脑准备好专注于即将发生的事。

例如，运动员在比赛前会做一套热身活动。这套程序让他们的大脑知道应该集中精力发挥好。同样地，学生们在打开书本之前执行一套习惯程序，这种行为模式提醒大脑应该将注意力资源集中在接下来的课程上。其他例子还有：

- 画家在沉浸于绘画之前可能先涂鸦十分钟。
- 厨师可能会在准备饭菜前先检查厨房并查看晚上的菜单。
- 教师可能会为当天的教学准备素材和教具。

史蒂芬·科特勒<sup>⊖</sup>说过，心流来自专注。我们可以使用相同的策略来帮助引发心流体验。通过执行触发心流的例行程序，我们可以提示大脑养成"直性子"。一旦规矩变成习惯，它会产生近乎条件反射式的效果，促使大脑专注于手头的任务。

我们来制定一套引发心流的例行程序吧。要注意，只有你自己的计划才对你适用。

---

⊖ 前面提到的《超人崛起》的作者。

## 练习一

首先，写下曾经帮助过你集中注意力的事情。也许你发现呼吸练习，或者做瑜伽很有效。有些人发现散步可以解决问题。你需要在正式工作之前去做这些事情。下面还有一些其他活动，给你一点启发：

- 做某些类型的谜题（例如，填字游戏、单词搜索游戏、逻辑问题、数独等）。
- 聆听某些类型的音乐（例如，旋律爵士乐）。
- 使用抽认卡（flashcards）进行记忆练习。
- 边阅读长文章边做笔记。
- 静坐着专注于一件事情（例如，听播客）。

然后，写下有助于你集中注意力的环境因素。有些人发现自己在没有窗户的小房间里工作更容易集中注意力，而有人发现在有背景噪声的繁忙环境中工作（例如，咖啡店或熙熙攘攘的办公室）会产生更好的效果。以下是其他一些人们觉得有帮助的触发因素：

- 时钟的嘀嗒声
- 落地扇的噪声（我的触发因素）

- 特定类型的音乐（例如，莫扎特的钢琴奏鸣曲）

- 低声聊天

- 极简的工位

- 明亮的光线

- 宽敞的空间（给人一种空旷的感觉）

最后，以你写下的内容为基础制定一套引发心流的例行程序。注意，这可能需要试验。你可能需要测试若干次方能找到最合适的。慢慢来，享受这个练习的乐趣吧。

所需时间：15分钟。

# 第二步：

# 确认你的精力充沛期

我们知道专注先于心流出现。不过，专注力需要能量，我们感到昏昏欲睡时很难集中注意力，遑论长时间保持。为此，我们需要确定自己的精力充沛期，这将帮助我们选择白天（或晚上）最适合心流体验的时间。

人体内有一个生物钟，掌管着三类生物节律。你可能比较熟悉昼夜节律（circadian rhythms）。这个由阳光调节的24小时周期在很多方面影响着我们的身体。睡眠-觉醒周期就是这类节律中的一个例子。日光消失说明我们该去睡觉了，日光显现则提示我们该醒来了。

第二类生物节律叫作亚日节律（infradian rhythm）。它持续超过24小时，不同节律的持续时间可能是数周、数月或更久。常见的例子是经期和孕期。

我们更关注的是第三类生物节律，即超日节律（ultradian rhythm）。它的周期短于24小时，不同节律的持续时间短至数小时，甚至以分秒计。例如，心率、食欲和各种激素（如皮质醇）的释放。

超日节律是生物节律中与生产力关系最密切的一类。它是对我们一天的精力水平影响最大的因素。一旦我们找到了自己的超日节律，就能确定触发心流状态的最佳时间。

我们需要考察的超日节律之一是"基础静息–活动周期"（the basic rest-activity cycle, BRAC）。

## 基础静息–活动周期是如何运作的

生理学家纳撒尼尔·克莱特曼（Nathaniel Kleitman）在20世纪50年代指出，基础静息–活动周期持续约90分钟。其中前半段时间，人会感到警觉和清醒，期间很容易集中精力。然而，在此周期的后20分钟，人会感到阵阵倦意，集中精神就更难了。

我们精力水平的波动通常和基础静息–活动周期有关。注意，这个周期的发生和持续时间因人而异（在你身上可能是80分钟，在别人身上可能是120分钟）。

我们需要探究的另一种超日节律是快速眼动–非快速眼动睡眠周期（the REM-NREM sleep cycle）。这个周期持续大约 90 分钟，尽管与我们何时精力充沛的关系不大，但由于睡眠可以恢复能量储备，因此了解这个循环的运作方式至关重要。

## 睡眠概述

每个睡眠周期都要经过四个阶段。前三个称为 NREM 睡眠，或非快速眼动睡眠，分别称为 N1、N2 和 N3。最后一个阶段称为快速眼动（REM）睡眠。

N1 期间，我们的大脑变慢，身体尝试放松，过程持续最长7分钟。N2 期间，心率和呼吸减慢，肌肉放松。这个阶段持续 10~25 分钟。N3 是深度睡眠阶段，这个阶段我们完全放松，持续 20~40 分钟。如果你醒来时觉得迷迷糊糊，说明你当时可能处在N3阶段。

大脑在REM睡眠期间变得活跃。这是快速眼动–非快速眼动睡眠周期的最后阶段，持续10~60分钟，也是我们经历丰富而详细的梦境的时期。快速眼动睡眠关系到记忆力和创造力。专家认为它也有助于我们处理情绪。

如果得不到足够的REM睡眠，醒来后就更难集中精神。我们会感到疲倦，容易分心，无法清晰地思考，这使长时间体验心流变得极其困难。

为了确定精力充沛期，我们需要做两件事：

1. 确认基础静息–活动周期。
2. 学会适应快速眼动–非快速眼动睡眠周期的运作规律。

下面是一个由两部分组成的练习，旨在精确地做到上述两点。

## 练习二

### 第一部分：监控你的基础静息–活动周期

取一支笔和一张纸，用来追踪连续三个工作节段的身体状况。尝试在干扰最少的地方进行此练习；另外，尝试事先获得一整夜宁静的睡眠；最后，吃点东西，这样你就不会因为饥饿而分心。

假设基础静息–活动周期的基准是90分钟。

写下第一个工作节段的开始时间。工作时，注意你的机敏度和专注力。一开始两者都会很高，但会在某个时刻开始减弱。我们的目标是了解减弱之前过了多久。记下你开始发现难以集中注意力的时间。

休息30分钟。你记录的时间就是新的基准。不过我们还要两个工作节段来验证它。

写下第二个工作节段的开始时间。再次注意你的身心状况，当你开始注意力不集中时，记下时间。

再休息30分钟。

最后把上述流程再走一遍。写下开始工作的时间，观察何时专注度开始减弱，记录时间。

现在你应该已经较好地掌握了你的基础静息–活动周期。

所需时间：6小时。

## 第二部分：你的快速眼动–非快速眼动睡眠周期

我们不打算监控你的睡眠周期。假设它遵循自然的四阶段模式：N1、N2、N3，最后是 REM 睡眠。我们的目标是养成支持该周期的习惯。我们来试验一下那些帮助过别人获得较好睡眠的方法，看看它们对你是否也有用。

许多事情会干扰我们的自然睡眠周期。因此，第一步是移除或将这些因素的影响降到最低程度。在此练习中，睡前不要做以下事情：

- 摄入咖啡因（睡前6小时）。
- 摄入酒精（睡前4小时）。
- 吸烟（睡前3小时）。
- 吃东西（睡前3小时）。
- 喝任何饮料（睡前3小时）。
- 使用电子设备（睡前30分钟）。

早上睡醒后，进行一套常规活动，让你的大脑有机会适应清醒状态。然后记录你的感受。你觉得精力充沛、清醒机敏，还是感到疲惫不堪、昏昏欲睡？

你的睡眠可能会得到改善。消除干扰睡眠的最常见因素后，你的身体就会在夜间反复经历自然的快速眼动-非快速眼动睡眠周期。

接下来，我们试验那些帮你获得良好睡眠的因素。在这部分练习中，尝试以下几点：

- 让你的卧室安静而黑暗。

- 保持舒适温度（注意室温和被褥）。

- 每晚在同一时间上床睡觉。

- 午睡不要超过30分钟。

- 白天锻炼身体。

- 制定一套睡前程序（阅读、洗热水澡、听放松的音乐等）。

同样，早上醒来后做常规的例行活动，之后记下你的感受。你觉得精力充沛、清醒机敏，还是疲惫不堪、昏昏欲睡？

很多人努力想要优质睡眠，却忽视了要采取措施来改善睡眠。这部分练习将帮助你在晚上睡得更好。这反过来又将帮助你在白天体验一个不打折扣的基础静息–活动周期，并最终找到你的精力充沛期。

所需时间：3天。

# 第三步：创造没有干扰的环境

人在分心时不可能实现心流。当注意力从某项活动中转移时，我们就无法完全沉浸其中。

一旦处于心流状态，我们就可以不受打扰地做事。大脑全神贯注于所做的事情，以至于干扰无法接近并消耗注意力资源，由此我们对干扰免疫。

但要达到这个程度就是另一回事了，需要创造一个无干扰的环境。因此，我们应积极主动地尽可能减少那些打扰我们、阻碍我们进入心流状态的事情。

我们在第一部分中讨论了干扰的两种形式：内部干扰和外部干扰。此处专注于消除后者。尽管看起来我们无力影响周围的环境，但实际上可以采取简单的步骤来过滤掉大部分

（如果不是全部的话）环境干扰。成功地做到这一点后，我们就可以获得触发心流体验的清晰心智状态。

## 避免分心的 7 件事

我们面临的某些外部干扰是所在环境所独有的。例如，没有孩子的人不太可能遇到那些有小孩的父母所经历的干扰（至少影响程度不同）。主管和经理会遇到的干扰不太可能波及他们的下属。

其他外部干扰则更为普遍。无论情况如何，它们都会影响大多数人。这样的例子包括周围的交头接耳、多管闲事的同事和家庭成员、嘈杂的建筑工地，以及网络和手机。光线不足、不舒服的椅子和杂乱的工位也会分散我们的注意力。

当这些事情不断试图转移注意力时，我们就很难集中精神，更不用说享受真正的心流体验了。但是我们可以通过做一些简单的事情来过滤掉其中的大部分。如果你一直饱受分心之苦，不妨尝试以下七个小技巧：

1. 打开手机的"勿扰"功能。

2. 戴上降噪耳机（这能防止别人路过时找你闲聊，并消除掉附近的噪声）。

3. 关上门。

4. 关闭电子邮件程序。

5. 使用断网App（Freedom是个不错的选择，适用全平台）。

6. 如果可能，在单独的空间（例如，会议室、家庭办公室等）工作。

7. 提前让其他人知道你要在一段时间内不受干扰地工作。

这七个步骤将非常有助于减少大多数妨碍心流的外部干扰，某些甚至能完全消除。

一旦明确面临的障碍，我们就可以努力清除它们。当然，你的情况或许具有特殊性。因此，我们来快速做一个练习，找出对你的注意力资源威胁最大的干扰因素。

## 练习三

想象你在家里做一件对你很重要的事，可以是弹吉他或写小说，也可以是学习一门新语言、备考或研究你感兴趣的问题。

现在，想想家里通常会分散你注意力的事情，并写下来。以下是家中常见的干扰因素，供你参考：

- 电视

- 手机

- 家庭成员

- 室友

- 网络

- 家务

- 吵闹的邻居

- 访客

根据它们对你的影响从 1 到 5 对每个因素进行评分（1 表示"影响大"，5 表示"影响小"）。例如，你的手机可能会严重威胁注意力，而电视可能根本不会构成威胁。

我们把上述流程在工作场所再进行一遍（假如你不在家办公）。想象你在办公室或格子间工作，让你分心的通常是什么？把它们写下来。以下列表帮你回忆：

- 吵闹的同事

- 电子邮件

- 来电

- 同事路过闲聊

- 八卦

- 办公室政治

- 对截止日期的焦虑

仿照前例，从 1 到 5 给每个因素打分。例如，你可能会发现电子邮件是工作时最大的障碍，而八卦永远不会分散你的注意力。

很多时候，我们没有确切了解这些绊脚石的情况导致了工作分心。这个练习旨在找出最有可能阻碍我们享受心流体验的事情。识别它们的目的是可以更加警惕地避免它们的影响。

所需时间：15分钟。

# 第四步：明确定义任务

有一个简单易懂的目标对于实现心流至关重要。当我们知道正在努力的方向时，我们会带着一种使命感行动。目标驱动着我们的行为和决定，帮助我们集中注意力和确定优先级，迫使我们有意识地行动。

这些似乎是显而易见的。但是想想我们在没有明确任务目标的情况下工作、行动和思考的频率吧。在单位，我们在赶不完的截止日期、老板的压力和同事的窥探下工作。在家里，我们忙于杂务，努力追赶那无休无止（且不断增加）的待办清单。

我们肯定很忙，也感到有成效、有意义。但随着时间流逝，我们从未体验过心流状态，反而彻底被正忙的事情所吞没，最终感到筋疲力尽。更糟糕的是，尽管我们付出了努力，但常常觉得自己没有取得重大进展，就像老鼠在轮子上徒劳奔跑一样。

在真正享受心流体验之前，我们心中必须有一个明确的使命，需要确定想要的结果。我们努力的方向是什么？希望通过努力达到什么目的？一旦有了这种明确性，我们就可以更轻松、更可靠地触发心流状态。

## 如何定义清晰明确的任务

首先是认清做事的动机是什么。这说起来容易做起来难，特别是如果我们从未坦诚地考虑过它的话。

有些人的动机是恐惧，他们采取行动避免不愉快的结果。有些人的动机是特定的刺激，例如升职、加薪抑或同事或亲人的钦佩。有些人受到某些成就的鼓舞。例如，学生可能渴望代表班级做毕业演讲，销售人员可能渴望打破公司的销售记录。

其次，我们需要考虑期望获得的结果。要达到什么目的？这里，参考S.M.A.R.T目标的五个维度会很有帮助：特定（Specific）、可测量（Measurable）、能实现

（Attainable）、相关（Relevant）以及有时间限制（Time-bound）。根据这五个属性定义的任务将带来明确性、方向性和结构性，以便我们有目的地行动。

进行上述两个步骤将会帮我们摆脱导致注意力不集中的模糊心态。这样我们的头脑不太可能走神，分心的影响降到了最小。最终，明确任务为发现心流扫清了道路。

## 练习四

本练习会提出一系列问题。你的回答将有助于制定和完善满足S.M.A.R.T五个标准的任务。这个简单的程序将输出一个非常清晰的任务目标。

第一，你想完成什么？

尽可能精确。例如，如果你正在为考试而学习，回答可能是"我想获得满分"；如果你正在参加一项体育赛事，回答可能是"我想赢得第一名"；如果你用钢琴写歌，回答可能是"我想完成前两段"。

第二，如何确定你是否已经实现了目标？

我们需要数字，这是衡量进步和成功的最佳方式。例如，如果你的目标是在三个月内写出 90,000 字的小说，你可能会将目标定为每天写 1,000 字；如果想学习一门新语言，你可能想要掌握10个会话短语。

第三，你是否具备在给定的时间范围内完成目标所需的技能或知识？

例如，如果你刚开始学弹钢琴，别指望在一天之内就能弹奏贝多芬的奏鸣曲，即使经验丰富的钢琴家也很难弹奏这首曲子；如果你正在上代数课，就别指望在高等微积分考试中获得满分。

第四，目标对你意味着什么？

心流需要明确的任务和某种形式的内在动机（我们将在第五步中详细探讨这个概念）。例如，写小说可能很重要，因为它证明你可以做多数人认为了不起的事情；在难度大的考试中获得满分可能很重要，因为这会让你的家人为你感到骄傲；学习一门新语言可能很重要，因为它可以让你更好地与某个朋友或家人交流。

第五，你的时间表是什么？

设置开始和结束时间有两个方面的好处，它将帮助你监控进度并评估成功与否，也可以帮助你保持专注。注意，这里指的不是你体验心流的时间表。当你处于心流状态时，时间的流逝就不那么重要了。相反，我们在给你设定一个你想实现目标的截止日期。

截止日期以一种温和的紧迫感使你走在正途上。例如，如果你正在写小说，可能会计划在 8 月底之前完成初稿；如果你正在学习弹奏古典钢琴，可能会努力在本周末之前流利地演奏贝多芬的"G大调小奏鸣曲"。

一旦明确了任务，你就会发现触发心流状态要容易得多。你的头脑不会被不确定性所困扰。相反，你的注意力资源可以完全投入到手头的事情中。

所需时间：20分钟。

# 第五步：建立内在动机

出于种种原因，我们会迫不得已采取行动。有些原因对我们有益，有些则有害；有些是健康的，有些则不然；有些帮助我们触发心流，有些则可能阻碍这一过程。

有时，我们出于必要而采取行动。例如，我们工作是为了养家糊口、抚养后代和支付账单。我们加班加点地工作，以期在严格的期限内完成项目。

有时，我们则被内部因素驱使。我们享受的奖赏来自内心。例如，阅读是因为觉得它能让人放松；做志愿者是因为这样做给了我们成就感；锻炼是因为关心自己的健康。

虽然这三种动力源都能激励我们采取行动，但只有最后一种能帮助我们进入心流状态。只有在确定了对某事的内在动机之后，我们才能体验心流。这是先决条件。

### 内在动机的解释

描述内在动机的最佳方式是将其与外在动机进行对比。后者遵循奖励机制，即我们被迫根据预期结果采取行动。

例如，我们每天上班都是为了赚钱（或避免被解雇）。我们完成学校的课业任务以获得高分。我们帮助熟人以得到他们的赞美和感激。

外在动机并无好坏之分。它可以非常有效地敦促我们采取有目的的行动，尤其是要做乏味、困难或不方便的事情时。但它不会帮我们触发心流体验。为此，我们需要内在动机。

内在动力来自内心。我们出于做某件事的愿望而迫切地行动。做某事不是为了寻求外部奖励（例如，金钱、他人的赞美和感激、高分等），而是因为做件事本身就是一种回报。

例如，我们每天上班是因为热爱赖以谋生的工作。我们帮助熟人因为这样做会给我们带来成就感。我们完成了一个课业任务，因为我们对这个课目本身非常感兴趣。

有了内在动机，我们便往往会全神贯注于手头的任务[1]，采取行动也变得更容易了，因为正在做的事情合乎兴趣，而且因为我们全神贯注、全情投入，所以更有能力体验心流。

## 内在动机的三大支柱

研究表明，内在动机需要三大支柱：自主、胜任感和关联[2]。我们必须满足这些心理需求才会真正感到有动力采取行动。

自主是指我们需要感到对所做的事情有选择的自由，必须觉得自己有多种选择以及对选择有掌控权。例如，我们希望能够选择是否帮助熟人，而不是被迫这样做。

胜任感关乎我们对自己能够实现想要结果的感知。我们必须觉得自己拥有实现这一结果所需的技能和知识。例如，

---

[1] Bonaiuto, M., Mao, Y., Roberts, S.A., Psalti, A., Aricco, S., Cancellieri, U.G., & Csikszentmihalyi, M. (2016). Optimal Experience and Personal Growth: Flow and the Consolidation of Place Identity. *Frontiers in Psychology*, 7. https://doi.org/10.3389/fpsyg.2016.01654.

[2] Ryan, R.M., & Deci, E.L., (2000). Self-determination theory and the facilitation of intrinsic motivation, social development and well-being. *American Psychologist, 55(1)*, 68-78. https://doi.org/10.1037/0003-066x.55.1.68.

若要感受到完成课业任务的内在动力，我们必须确信对这个课目有足够的了解，可以成功完成。

关联是指我们与其他人的联系。人本质上是社会性动物，甚至内向的人也是。我们渴望社交互动，在其中茁壮成长，并得到归属感。例如，我们参加健身房的健身课程，会感受到与其他成员的联系。我们和其他吉他手一起弹吉他（如"即兴表演"），因为我们认同他们的音乐才能。我们自愿作为团队的一分子提供帮助，因为我们知道相同的目标也会鞭策其他志愿者。

当这三种心理需求得到满足时，我们就会感到鼓舞、充满活力。我们采取行动是因为这样做会给自己带来内在的满足和回报。这种内在动机与本节其他步骤中的要素相结合，可以帮助我们进入心流状态<sup>⊖</sup>。

## 练习五

这个练习会检查你进行某项特定活动的动机，揭示这些

---

⊖ 最近几年，神经科学和心流领域对内在动机的科学研究层出不穷。其中（非常棒）的一篇是：Di Domenico, S.I., & Ryan, R.M. (2017). The Emerging Neuroscience of Intrinsic Motivation: A New Frontier in Self-Determination Research. Frontiers in Human Neuroscience, 11. https://doi.org/10.3389/fnhum.2017.00145.

动机能否促进心流体验。

首先，选择一件事。它可以是工作相关的事情，也可以是你在闲暇时间喜欢做的事情。这完全取决于你（打盹不算）。

其次，问问自己做这件事是为了获得外部奖励还是因为它本身就令人感到满足，或者可能两者皆有。

再次，想想你对如何做这件事有没有选择权。你有自主的感觉吗？

继次，问问自己是否具备实现目标所需的技能和知识。你觉得自己胜任这件事吗？

最后，反思做这件事是否能将你与他人联系起来。你不必和其他人做同一件事才会感到与他们相关联，只需知道别人也会从你做的事中发现价值就已经足够了。

完成这个简短的练习后，你就会知道自己的动机是否来自内心。果真如此，那么你就离触发心流状态更近了一步。

所需时间：10分钟。

# 第六步：保证一心一用

即便知道一心多用会降低生产力，多数人仍会这么做[一]。这样做有几个原因，会根据具体的情况而变化。

有时我们会感到无聊。我们对需要完成的任务不感兴趣，所以会同时做其他事来分散自己的注意力。

有时我们不耐烦。如果某些事情进行得太慢，让我们失去耐心，我们就会通过处理其他任务来填补"待机时间"（例如，开会期间在同事陈述想法时查看电子邮件）。

有时我们说服自己可以通过一心多用来完成更多工作。

[一] Uncapher, M.R., Thieu, M.K., & Wanger, A.J. (2016). Media multitasking and memory: Differences in working memory and long-term memory. *Psychonomic Bulletin & Review, 23(2)*, 483-490. https://doi.org/10.3758/s13423-015-0907-3.

这可以说是一心多用最糟糕的原因了，因为这是一种错觉（除非你属于那百分之二的真正能一心多用的人[⊖]）。

我们在"心流最可怕的敌人"一章中讨论了一心多用，探讨了切换成本的问题。这是大脑每次在多任务间转移注意力资源时都要付出的高昂代价。此处我们不再旧事重提，简而言之，就是一心多用或任务切换会打断我们的心流体验，也会完全阻止我们触发心流。

所以我们需要保证每次只做一件事，即一心一用。如果想要触发（并保持）心流，就必须抵制一心多用的冲动。此事知易行难，特别是如果我们已经习惯乃至沉迷于一心多用的话[⊖]。

## 如何重新训练自己一心一用

在"心流最可怕的敌人"一章中，我提供了一些小技巧

⊖ Waston, J., & Strayer, D.L. (2010). Supertaskers: Profiles in extraordinary multitasking ability. *Psychonomic Bulletin & Review, 17(4)*, 479-485. https://doi.org/10.3758/pbr.17.4.479.

⊖ 神经科学家丹尼尔·列维汀（Daniel Levitin）在他的著作《有序》（*The Organized Mind*）中指出："一心多用催生了一个多巴胺成瘾的反馈循环，有效地奖励大脑丧失注意力以及不断寻求外部刺激。"

来驾驭你内心想要一心多用的冲动。有些人觉得那些小技巧已经够用了。如果你是这种情况，可以跳过本节，进行下面的练习六。

其他人则需要重新训练自己来一心一用。他们需要破解多年来迫使自己一心多用的思维程序。我向他们（或许也包括你）推荐以下行动方案：

第一，将一天分成多块。练习在小块时间（如5分钟）内一心一用。随着专注力的提升，逐渐增加时间块的长度，10分钟，然后15分钟，再然后20分钟。通过练习，你最终能够把一天分成大块时间，并确信可以随心所欲地一心一用。

第二，把休息时间当作日程表的正式组成部分。休息期间不要工作，不要神游。这不是看手机或者电子邮件的时候。到外面去看看人。如果你在室内办公，到户外去呼吸新鲜空气，这会让你头脑清醒，为下一个大块时间做好准备。

休息时间要和前一个工作时间块成正比。例如，工作20分钟后要休息5分钟，工作一小时后要休息20分钟。

第三，养成先完成手头任务再做其他任务的习惯。如果你无法在规定的时间块内完成任务，休息完了再回来继续。先把它完成，然后处理其他事情。

诚然，这不一定总是可行。比如，你可能需要别人的数据才能完成任务。如果你必须被动等待，那么先做其他事，不要让时间白白流失。给新任务分配一个时间块，然后把它做完，哪怕其间等来了之前需要的数据。

这个三步骤方案会帮你养成一心一用的习惯。但是要注意，重新训练你的大脑需要时间，可能是几周甚至几个月，具体取决于你一心多用习惯的顽固程度。但是时间投资的回报会证明这个过程是值得的。你不仅会更有效率，而且离获得随意触发心流的能力又近了一步。

## 练习六

这个练习简单易行。你需要一支笔和一沓纸。

首先，拟一个标题"干扰"，在下面写下规定的时间块内可能干扰你的一切东西。（提示：你可以回顾练习三的笔记来加快这部分的进度。）

其次，再拟一个标题"单人任务"，写下那些需要你集中精力，并且无须他人参与的任务和活动。以下是一些给你启发的点子：

- 写一篇与工作相关的报告

- 备考

- 艺术创作（如绘画、雕塑、写书等）
- 健身
- 为比赛训练
- 学习新语言
- 搭建网站

再次，从"单人任务"列表中选择一项。找一个能做这项任务的地方，查看"干扰"列表并尽一切努力减少或消除干扰（比如，关闭手机）。

最后，启动计时器，尽可能久地在思绪专注的情况下做你所选的事情。一旦思绪飘远了，停止计时器，所记录的时间就是你的基准注意力时间。随着你多次训练大脑来一心一用，这个纪录将被打破。

如果你的基准时间很短，不要气馁。你的目标是逐步改进，而非一蹴而就。经常做这个练习，你就会发现你能在越来越长的时间块内集中注意力一心一用。随着能力的增强，你会发现只要你愿意，就更容易进入心流境界。

所需时间：15~60分钟。

# 第七步：

# 选择有挑战性（但能做到）的任务

实现心流需要在事情的难度和与之相关的技能或知识之间取得平衡。如果这件事太容易了，我们会觉得无聊，思想会走神，很难集中注意力。此外，如果这件事挑战性过高，我们就会感到沮丧、气馁和不知所措。

例如，假设你的工作是录入数据。长时间工作后，你会发现很难全神贯注。或许这份工作仅仅需要肌肉记忆，因此你的注意力可能会转移到其他事情上。这样的状态很难触发心流，即便触发了也几乎无法维持。

反过来说，假设你正在学习弹钢琴。你是初学者，却决定挑战难度甚高的肖邦 "激流" 练习曲（Étude Op.10

No.4）。你决心在本周之内完美无瑕地演奏它。除非你是神童，否则这项任务和设定的时限太有挑战性了。最后，你只会感到挫败和沮丧。与数据录入的工作一样，这种状态不适于心流体验。

因此，如果我们希望进入心流状态，就必须保证难度和技能的平衡，不能太容易或太困难。基于我们的专业知识和理解，任务必须有挑战性但仍然可以做到。

给个建议：不必按照任务原本的难度去执行。我们可以调节任务的挑战性以更好地支持心流体验。如果一件事的难度级别与我们的技能水平并不匹配，我们可以调整其难度（如任务拆解）以适合自己的状态。

## 如何调整活动以取得正确的平衡

我们从过于简单的活动开始。太简单的活动可以变得更复杂，太难的活动可以变得更容易，两者都有简单的方法。

要调整过于简单的任务和活动以增加挑战性和降低乏味性，最简单的办法是游戏化，其本质就是把手头的任务转变为游戏，或者至少添加一个或多个游戏元素，如积分制、时间限制或其他规则。

例如，假设你的工作是录入数据。你可以通过尝试在给定时间内完成尽可能多的项目（例如，在7分钟内录入25个条目）来将此任务游戏化。如果你可以轻松实现该目标，再增大难度（例如，7分钟30条或6分钟25条）。

通过这种方式，你可以将几乎所有任务游戏化。无论你在体育训练、练习钢琴还是备考，应用游戏元素都可以让烦琐的任务更具挑战性和吸引力。

调整太困难的活动需要不同的方法，不过和调整太容易的活动一样简单。

要使过于困难的任务和活动变得容易，最简单方法是将其拆分成更小的部分。多数复杂任务都由困难的部分和容易的部分组成。一旦两者被剥离开，你就可以单独解决符合你的心情和精力水平的那部分。

例如，假设你正在写一本需要大量调查研究的书，这本书的部分章节会比其他章节更容易写。一旦确定了难写的部分和容易写的部分，你就可以根据自己的心情和精力水平来决定要写哪些部分。

注意，如果一件事的较简单部分的挑战性不足以让你全情投入，你可能需要将其游戏化。

## 练习七

本练习有两个部分。首先，我们将调整一项太简单的活动，使其更具挑战性且不那么乏味。然后，我们将调整一项太难的活动，让它变得更容易且不那么令人沮丧。

第一部分：选择一项你想在心流状态下进行但又觉得太简单或太单调以至于无法保持专注的活动，可以是学习、钢琴音阶练习或录入数据。

现在，写下三种将此活动游戏化的方法。可以用积分系统、时间限制或有趣的奖励来帮助你达成既定目标。

下次执行类似活动时试试这三种游戏化方式。保留那些能让你更专注的方法，舍弃无效的办法。

第二部分：选择一项你希望在心流状态下进行但发现太难或太复杂的活动或项目，可以是学校的大型科学项目、详尽的工作展示或者是在业余时间搭建大型网站。

将此活动分解为若干子任务。例如，搭建网站可能需要研究受众、创建内容、设计导航和布局、建立品牌以及完成许多其他任务。写下包含所有这些子任务的列表。

准备好后，着手专注于每次完成一项子任务。

所需时间：20分钟。

# 第八步：确保精力充沛、放松和机敏

当我们感到疲惫或焦虑（更糟的是同时感到疲惫和焦虑）时，很难体验到心流状态。我们丧失了注意力，更容易受到干扰，耐心逐渐消退，变得容易愤怒和沮丧，即使做那些平时会让自己感到满足的事也无法尽情享受了。

我们需要休息。

说到休息，大家通常会想到睡眠。但它们不是一回事，睡眠只是一方面。 当然，优质的睡眠对于精力充沛至关重要。但许多人即便享受了良好的睡眠，每天仍然感到疲惫和高度紧张。休息这幅拼图还缺失了好几块。

事实上，为了确保高水平的表现，我们需要定期体验若干种不同的休息。这样做会消除可能阻止、破坏或缩短我们心流体验的障碍。

## 七种必需的休息

生活可能会让人筋疲力尽。我们常常感到内耗——要么在身体上，要么在情绪上。我们每天都匆匆忙忙地完成工作，履行责任，并随时为关心的人服务。

这是通往慢性疲劳和倦怠之路，对触发心流不利。所幸我们可以通过以下几个方面的适当休息来避免这个问题。

身体休息——包括睡眠（打盹也算），也可以包括伸展、按摩和深呼吸。任何能让我们身体放松的活动，无论是主动的还是被动的，都是有益的。

精神休息——人有可能精力充沛但精神倦怠不堪，这甚至很常见。这时我们的注意力下降，记忆力减退，变得易怒，所以需要定期让大脑休息一下。散步、涂鸦、写日记或冥想……所有这些都有用。

情绪休息——所有人都有情感需求。如果这些需求得不到满足，我们就会开始感到孤立、沮丧和不知所措。我们可以通过表达想法（即不掩藏它们）并经常对他人说"不"来避免这种后果。

创造性休息——我们比想象中更频繁地使用创造性思维，用它来解决问题、计划事件、权衡风险、做出决策和沟通。为了避免这方面出现亏空，我们应该寻找机会去欣赏日常生活之外的事物（如自然、艺术等）。

感官休息——我们的感官每天都在不断地受到冲击。由于手机、电脑和周围持续不断的背景噪声，感官超负荷已成为常态。我们需要定期"拔掉插头"以规避过度刺激。这可以包括进行"电子排毒"<sup>⊖</sup>，只需闭上眼睛片刻即可。

社交休息——某些关系令人疲惫，而另一些则令人振奋。前者会很快使我们的情绪（和耐心）负担过重，而后者使我们恢复活力并感到愉悦。我们可以通过花更多时间与真正喜欢的人相处来避免社交上的疲惫。

心灵休息——这源于我们的信仰体系、信条，甚至世界观。它可能包括宗教和敬拜、特定的人生哲学，或者为了追求超越自我的事物而与他人建立的联系。心灵休息可以给我们目标和灵感，而休息不足会导致抑郁和绝望。

如你所见，休息有多种形式。多数人忽视了其中的一种或多种，从未真正感到精力充沛、放松和机敏，因而他们很

---

⊖ 电子排毒（digital detox）是指在一段时间内有意避免使用手机和其他电子产品的做法。

少体验到心流状态也就不足为奇了。

## 练习八

在这个练习中，我们将展开头脑风暴，想出一些简单的方法来改善你在上述七个领域中的感受。

拿一支笔和一张纸。写下七个标题，对应每种休息类型。在每个标题下留出足够的空间来写几句话。

现在，逐项想出可以让你在该领域获得休息的做法，并写下来。

例如，在"身体休息"标题下，你可以写以下内容：

- 每天中午12:30小睡25分钟。

- 晚上9:30上床睡觉。

- 每90分钟起身伸展一下。

在"感官休息"标题下，你可以这样写：

- 下午6:00至晚上8:00之间关闭手机。

- 午餐后不使用社交媒体。

- 工作时戴降噪耳机。

在"社交休息"标题下，你可以这样写：

- 周末不和巴里出去玩。

- 无论何时芭芭拉叫我替她干活，我都说"不"。

- 问问约翰他是否愿意每周一早上和我一起吃早餐。

　　这个练习有两重目的。第一，它让我们注意到自己可能会忽视的几种"休息"。第二，它使我们在每个领域都能想到一些获得更多休息的方法。在所有七个领域，我们越感到精力充沛，压力和沮丧感就越小，也就越容易触发心流状态。

　　所需时间：25分钟。

# 第九步：使用"心流时间"技术

做事常见的障碍之一就是拖延。一旦我们开始做某事，就很容易继续下去。棘手的是如何开始。

许多人使用番茄工作法来对抗拖延的倾向。它由弗朗西斯科·西里洛（Francesco Cirillo）创立，倡导短暂的工作节段之后伴随短暂的休息时间。具体来说，25 分钟的工作时间之后有 5 分钟的休息，这组成一个番茄钟，每4个番茄钟后有15分钟的休息。

这是对抗拖延症的有效技巧，使开始做某件事变得容易了。此外，它还有助于集中注意力并排除干扰。

很多人使用番茄工作法来触发心流状态，理由是如果迟迟不能动手，那么心流是不可能实现的。但可惜这种手段也很难达成心流。

回想一下，在心流状态下，我们的时间感会消失，不知不觉时间就流逝了。因此，僵化的番茄工作法与心流体验不相容。25分钟后响起的计时器没有促进心流，反而打断了它。想象一下，你正全神贯注于手头的事情时，计时器响了，扰乱了你的注意力，此时休息 5 分钟可能会适得其反。计时器和番茄钟成了障碍而非辅助。

我们需要一种不同的方法，一种鼓励专注、沉浸和参与，而不会将我们束缚在任意时间限制内的方法。

这个方法我称之为"心流时间技术"。

## "心流时间技术"介绍

这种方法纠正了番茄工作法的僵化。它不对工作时段和休息时段进行武断的限制，而是让我们能够根据工作时的注意力和动量情况来做事，这使触发和维持心流体验变得更容易。

"心流时间技术"督促我们选择执行单一的任务或活动。记下开始的时间，然后尽可能长时间地集中精力工作。

注意力减弱时停止工作，此时需要休息。记下停止时间和工作节段的时长。

然后，我们休息至已准备好开始新的工作节段，在休息结束时记下时长。

这种策略给了我们根据注意力和动量状态来工作的自由度，并允许我们在任何活动中追踪这二者的信息。规律会随着时间的推移而显现，做得越多，规律就越明显。

你可以在纸上或用电子产品记录下一切实践"心流时间技术"的相关信息。制作记录单：

- 活动名称
- 开始时间
- 结束时间
- 时长
- 休息

当你开始一项任务或活动时，写下你需要着手做什么和开始时间。停止工作时，再记下时间。计算工作节段的时长，然后去休息。休息结束后，记下休息时间。之后再循环往复。

我更喜欢使用老式的工具，比如纸和笔。但选择何种记录工具完全取决于你。一整天后，你可能得到如下的一张电子表格：

### "心流时间技术"示例

| Activity | Start Time | End Time | Duration | Break |
|---|---|---|---|---|
| Practice scales on piano | 7:00 a.m. | 7:40 a.m. | 40 minutes | 15 minutes |
| Work on client project | 7:55 a.m. | 9:20 a.m. | 1 hour, 25 minutes | 40 minutes |
| Study for licensing exam | 10:00 a.m. | 11:15 a.m. | 1 hour, 15 minutes | 20 minutes |
| Respond to texts & emails | 11:35 a.m | 11:50 a.m. | 15 minutes | 40 minutes (lunch!) |
| Compose recital song | 12:30 p.m. | 2:35 p.m. | 2 hours, 5 minutes | 30 minutes |
| Write short story | 3:05 p.m. | 4:55 p.m. | 1 hour, 50 minutes | 35 minutes |
| Review & prep | 5:30 p.m. | 5:55 p.m. | 25 minutes | Quitting time! |

快速提醒：许多实践"心流时间技术"的人会在笔记里添加一列干扰项，记录下每个工作节段经受了多少次打扰。

我发现这种做法的用处有限，因为知道被打扰的次数并不能让我们领悟到如何避免干扰。出于这个原因，我更愿意额外写一份"干扰日志"。当我被打扰时，我会记录下干扰发生的时间、类型（例如，电话、不速之客等）、持续时长以及我需要采取的后续行动。这些细节使我更深入地了解干扰，因此更具可操作性。

你可能已经注意到"心流时间技术"与时间分块法相似。两者的确是近亲，能够提供相同程度的自我调节。

练习时间到。

## 练习九

在这个练习中，我们将实践"心流时间技术"。

首先，仿照上图的样式，在纸上或电子表格程序中创建一个矩阵或表格。

其次，选择你要从事的任务或活动。它可能与你的工作、爱好甚至是在闲暇时间所做的事情（例如，阅读小说）有关，在表格的第一列简要描述一下。

然后，记录你开始做这项活动的时间。持续工作到你开始失去注意力、思绪开始飘荡，停止工作并记录时间。

最后，稍作休息。休息时间的长短完全取决于你，重要的是要注意何时准备好开始新的工作节段。当你准备好结束休息时，记录下休息了多久。

持续这个过程一整天。如果你从未使用过时间分块法或"心流时间技术"，我建议你每天都这样做，持续至少一周。然后，查看你的记录并寻找规律：

- 直到需要休息时，你能够集中注意力并完全沉浸在一项特定活动中多长时间？

- 你需要休息多久，才会感觉神清气爽并准备开始新的工作节段？

- 据你观察，你在执行不同任务和活动时在上述方面有何不同？（有些任务会比其他任务的要求更苛刻。）

一旦你重复练习了"心流时间技术"一周或更久，你就会更清楚地了解大脑是如何准备、执行各种活动并从中恢复过来的。这将使你对自己触发和维持心流的能力有可贵的了解。

所需时间：（至少）24小时。

# 第十步：创建正反馈循环

我认为有一个反馈循环非常重要，你会不断思考你做了什么以及如何做得更好。

——埃隆·马斯克，特斯拉、SpaceX和OpenAI创始人

心流状态不仅仅包括专注、沉浸和参与手头的任务，它还要求我们能够确定自己的表现是否有效。除了知道自己在做什么，我们还需要知道自己做得如何。

在"夯实基础"一章（参见第二部分），我们提出了对正反馈循环的需求。处于心流状态时，我们必须有方法可以监控一个或多个维度的表现。这种反馈让我们有机会在行动无效或不成功时调整自身的行动。这样做的好处

是，随着我们朝着目标不断取得进展，我们会越来越有成就感。

### 反馈让内心的批评者噤声

正反馈循环也鼓励我们专注于向前进，而不是纠结于自己的错误。它抑制了内心批评者的声音，使我们能够更有效地分配注意力资源。当我们不再过度思考或质疑自己的行为时，随之而来的压力和挫折感就会减少。相反，我们可以理性地衡量表现，并在必要时做出明智的调整。

例如，想象你正在训练跑马拉松。如果这是你第一次参加马拉松比赛，你需要训练数周，每周逐步增加跑步里程数。你可以根据距离和配速确定每周要跑的里程，并以此创建反馈循环。如此一来，你就可以监控进度并根据需要调整训练计划。

这会让内心的批评者哑口无言。你可以专注于实现你的目标，而不是为了有能力跑完马拉松而感到"压力山大"。如果成功实现了每周目标，你会因为在训练中不断进步而获得成就感；如果达不到目标，你也可以调整训练方案。

无论结果如何，你都会感到更加放松和自信，因为你走在正确的道路上。这种自信会让你内心的批评者沉默，让你完全沉浸在训练中。

## 练习十

这个练习简单易行且花费时间极少，但不要低估它的用处。如果你经常这样做，你会发现进入并保持心流状态要容易得多。

第一步，选择一项活动。学习、锻炼、烹饪、园艺、写小说、搭建网站、为你的工作制作PPT……任何活动都可以。

第二步，想一想哪些东西会让你在做这件事时感到成就感。例如，为一场重要的考试而学习的话，可能是阅读课本的页数；如果你正在写小说，可能是你需要完成的章节数；如果你正在搭建网站，可能是网站的某个模块。写下你的想法。

第三步，根据上一步的记录创建小的目标。例如，假设你正在写小说，你可以设置基于速度和字数的目标，例如"在30分钟内写250字"。

最后，执行活动，做的时候监控你的进度。你在正确的轨道上吗？如果是，再好不过；如果不是，进行调整。

例如，你可能会发现在30分钟内写出250字是不现实的。这是有价值的反馈。将你的目标调整为"在30分钟内写200字"，然后继续写作并记录进度。

这种做法将使你内心的批评者保持缄默，避免你受到内心无妄且毫无益处的评判的干扰。你将能够对收到的反馈做出积极而有目的的回应，而不是对虚构的失败反应过度。

所需时间：15分钟（第一步到第三步）。

# 解决心流难题：60秒回顾

我在即将写完第三部分时意识到，快速回顾一下我们所讨论过的概念可能对你很有用。虽然不想老调重弹，但我知道我们谈及很多操作性的内容，总结这些要点会很有益处。

所以，我们将在60秒内做个总结。计时开始。

### 制定例行程序：心流的无名英雄

例行程序不仅仅能让我们的生活有条理，让我们更有效率，它们还向大脑发出信号，表明某些事情即将发生。例行程序让我们做好准备，将我们置于正确的心态下——进入心流状态。

### 适应自然节律

由于基础静息–活动周期（BRAC）的作用，我们的精力水平全天起伏不定。一旦我们确定了自己的 BRAC，就可以在精力充沛期前后安排进入心流的时间节段。

### 注意力节流

心流需要深度专注。问题是，每天都有无数干扰试图破坏我们的注意力。避免分心（例如，电话、健谈的同事、社交媒体等）才会保持专注。

### 有目的地行动

我们需要一个明确的目标来指导行动并推动我们前进。这个目标不需要多么地令人敬畏，它只需要精确。

### 向内寻求激励

当我们有目的地行动时，更容易触发心流，而找到目的的最佳途径是我们的内心。被兴趣（而不是外部奖励）驱动时，我们更有可能感到投入并体验完全的沉浸感。

### 放弃一心多用模式

一心多用是心流的诅咒，它会造成高昂的转换成本并侵蚀我们的注意力资源。一心一用更容易使我们保持专注和进入心流境界。

### 优化挑战/技能比

你手头的任务应该既不太容易也不太难。它应该有所挑战，但也要力所能及。当我们找到正确的平衡点时，进入心流状态会更容易。

### 充分利用所有类型的休息

睡眠当然是必不可少的。但是感觉到真正的精力充沛——无论身体上、精神上还是情绪上——需要的不仅仅是睡眠。得到各种类型的休息后，我们就更有能力触发和维持心流。

### 结识番茄工作法随和的表亲

"心流时间技术"在进入心流境界这方面优于番茄工作法。它使我们有更多的自由根据自身情况（例如，精力水平、日程安排等）来工作和集中注意力。

### 评估、调整和进步

我们需要一种方法来监控自己的表现，这是了解我们是否走在正确轨道上的唯一方法。正反馈循环让我们了解情况并帮助我们根据进度和目标进行调整。

### 革命尚未成功

现在我们有了触发心流体验所需的构成要件。请记住，随心所欲地进入心流境界需要练习。但我们知道需要做什么，并且可以以合适的速度修炼技能。

革命尚未成功，还有很多东西没讲到。在"第四部分"中，我们将探索心流的其他方面，从而更好地理解和认识心流。这将帮助我们从中获得最大的利益。

# 第四部分

## 更好地了解心流状态

04

知 道如何进入心流状态是难题中最关键的部分, 但还有其他方面需要考虑。熟悉它们之后, 我们会更加了解心流的运作方式以及如何充分利用它。

　　这一部分将涵盖几个触发心流之后的关键细节。我们会学习识别何时处于心流状态, 以便可以有意识地、自信地迎接它。我们将讨论心流的范围, 以及如何从心流的若干变体中获利。我们还将探讨如何在进入心流状态后保持这种状态。最后, 我们将探究心流的"阴暗面"(它确实存在风险)。

# 实现心流的七个标志

心流是一种主观体验，对每个人都是独一无二的，你的体验会与他人不同。但它有几个特点实际上是普遍的，只要你处于心流状态，就会观察到它们。

目前有许多工具用于评估和测量心流，包括性格心流量表（Dispositional Flow Scale）[一]、特定情境心流问卷（Situation-Specific Flow Questionnaire）[一]和活动心流状态量

---

[一] Riva, E., Riva, G., Talq, C., Boffi, M., Rainisio, N., Pola, L., Diana, B., Villani, D., Argenton, L., & Inghilleri, P (2017). Measuring Dispositional Flow: Validity and reliability of the Dispositional Flow State Scale 2, Italian version. *PLOS ONE, 12(9)*, e0182201. https://doi.org/10.137l/journal.pone.0182201.

[一] Magyaródi, T., Nagy, H., Soltesz, P, Mózes, T., & Oláh, A. (2014). Psychometric properties of a newly established flow state questionnaire. *The Journal of Happiness and Well-Being, 1(2)*, 89-100.

表（Activity Flow State Scale）<sup>⊖</sup>。虽然这些工具在对照实验和观察研究中被证明是有效的，但使用它们需要大量的时间和精力。在我看来，用它们来确定我们是否在日常活动中实现了心流是一项糟糕的投资。

有一种史直接的方法。本着 80/20 原则的精神，我们可以使用这种方法来进行不完美但相当准确的评估。我们只需知道要寻找什么。

如果我们不确定自己是否已经达到心流状态，应该寻找下面描述的七个迹象。在生活中我们偶尔会体验到它们中的某一个，但是如果所有迹象同时出现，那几乎可以肯定我们已经进入了心流境界。

## 标志一：行动只需极少的思考

当执行一项缺乏必要应对技能或知识的任务时，我们会审慎考虑正在做的事情。我们尽量避免处理不当、失败以及他人的嘲笑或怜悯，并谨慎地计划和执行。

---

⊖ Payne, B. R., Jackson, J. J., Noh, S. R., & Stine-Morrow, E. a. L. (2011). In the zone: Flow state and cognition in older adults. *Psychology and Aging, 26(3)*, 738-743. https://doi.org/10.1037/a0022359.

相反，当我们在心流境界中，采取行动会毫不费力。虽然手头的任务仍然需要注意力资源，但我们非常专注、清醒，并且对自己的能力充满信心，因此几乎没有焦虑。

例如，回想一下你在学习驾驶时的感受。这可能是一次伤脑筋的经历，你必须考虑每一个动作（例如，转向、倒车、看后视镜等），一个错误可能就是灾难性的。

而如今，驾驶对你来说是一种不同的体验。多年的驾驶经验使你变得老练并充满信心。它仍然需要你的注意力，但你无须思考每个步骤了。它已经成为你的第二天性。

此时，你的行动更像是出于本能。

## 标志二：感到完全的掌控

经验、熟练和信心会产生另一种效果：我们感觉自己对当下有控制力。我们知道在做什么，知道想要完成什么，并且可以想象最终的结果。我们觉得所有事都不由命运决定，每个可能影响结果的因素都在自己掌握之中。

例如，假设你是一位厨艺精湛的厨师，正在准备一道已经做了数百次的菜。你了解每一种食材，确切地知道食材需要烹饪或醒发多久。你可以想象装盘的状态。你感觉可以完全控制结果。

从技术上讲，这种完全控制感是虚妄的，因为外部因素（例如，某种紧急情况）可能会干扰你。但事实并不重要。感觉到缘于经验、熟练和自信的掌控感是心流的标志之一。

## 标志三：做事时体会到乐趣

我们在"第五步：建立内在动机"一章中讨论了内在奖励行为的重要性，并发现这些行为让人觉得有趣、兴奋和满足。我们这样做是因为喜欢这样做，而不是迫于外部因素的压力。

例如，想想你最中意的爱好，可能是烹饪、阅读或与朋友一起进行某项体育运动，也可能是摄影、玩拼图或弹吉他。无论哪种活动，你都可能会在进行时体验到深深的满足感。你感到放松、自信和投入。你会全神贯注于这项活动，甚至可能会发现周围的世界逐渐消失。

发生这种情况时，你可能接近——或已经处于——心流状态了。

## 标志四：意识变窄

清醒的时间里，我们会体验到广泛的意识。受内外部刺激的影响，注意力会分散到许多方向。

例如，我们听到同事聊天，就想知道他们在说什么；注意到天空中乌云密布，就会为冒雨回家而烦恼；闻到美味的食物，就意识到自己饿了。

相比之下，当我们全神贯注于正在做的事情时，意识就会收窄。我们的认知视野变窄，对眼前的活动变得高度敏感，而很少意识到周围发生的事情。在这种状态下，我们不太可能被内外刺激干扰。

例如，尽管同事在附近，但我们可能听不到他们聊天。即使几个小时没吃东西，我们也可能会忘记吃午餐或晚餐。尽管坐在窗边看着外面，但我们可能完全没有注意到天气。

所有的注意力资源都投入到了手头的任务上。

## 标志五：以零自我意识行事

自我意识可以对我们的行为和决定产生有益的影响。例如，当我们犯下影响他人的错误时，我们会产生自我意识。

自我意识有益的方面是，我们会随之产生一种冲动，为自己的错误承担责任并采取弥补措施（如果适当的话）。

然而，大多数时候，自我意识会产生有害影响，尤其是当我们未能控制它时。它会占据头脑空间，在我们试图融入、避免尴尬和满足他人的期望时给我们带来压力和焦虑。它可能还会使我们变得软弱。

如果做到完全专注和投入，我们就不会受自我意识的影响，行事时不会担心自己犯错，也不会太在意他人的期望和看法。内心的批评家不再扼杀我们的行为和决定。恐惧消失了，我们体验到一种平静和自信的感觉。

## 标志六：时间意识消失

如果你曾经从事过无聊的工作，可能会喜欢看时钟。秒针以龟速嘀嗒作响，午餐时间（或下班时间）似乎永远不会到来。

相反，如果你曾经在严格且迫在眉睫的时限内工作，你看时钟时的心态可能就不同了。你可能会感到非常紧张、压力很大，怀疑自己能否按时完成。

在这两种情况下，你都具有敏锐的时间意识。如果有人问时间，你很可能不用看表就可以告诉他们。

而当你全神贯注于正在做的事情时，时间意识就会消失。你能感知到当下，对你在那一刻所做的一切保持正念，但已不在意时间的流逝。

你可能已在心流境界中了。

## 标志七：完全明了自己在做什么

我们每天所做的很多事情都是在没有完全理解的情况下完成的。我们可能了解此刻在做什么，但不能深刻理解为什么做这件事。

例如，我们专业地为老板准备了一份报告，却不知道最终将由谁使用及其使用目的。我们参加体育联赛，但更多是出于习惯，而不是出于对这项运动或队友的真正兴趣。我们报名参加培训班或大学课程，也没有具体的学习计划。

相较之下，有时候我们绝对清楚自己在做什么以及为什么去做。此时心中有一个明确的目标，知道自己想要完成什么，拥有实现结果的技能和知识，不会模棱两可。

这种心态是通向心流体验的入口。

## 所有迹象都指向心流

这并不一定意味着我们处于心流状态。实际上，我们在一天之内无疑会遇到上述一种或多种迹象。但是，同时体验所有七种迹象时，我们要么处于心流的顶端，要么已被它所环绕。

# 微观心流与宏观心流

目前为止，我们对心流的讨论都是在二元条件的前提下进行的，即在或不在心流状态。但这种印象并不准确。心流包含许多层次，分布在广大的范围中。这种强大的意识状态是微妙的。

如果我们认可心流的流动性和可变性，触发它就变得不那么令人生畏了。我们不再需要担心如何创造"完美"的环境来进入心流状态，不再需要忧虑费尽心机满足心流的每一个先决条件。我们可以享受心流体验，即使它的强度不及我们所愿。

## "微观心流"是什么?

在"第三部分:实现心流状态10步走"中,我们探究了获得完整的心流体验的要求。我们注意到明确的使命的重要性,讨论了为什么心流要与精力充沛期相合,探讨了内在动机的价值和正反馈循环的必要性。

但是,如果这些和所有其他先决条件都不具备怎么办?这是否意味着心流体验是不可能的?

简单地说,不是。实现心流状态仍是可能的。我们可以充分利用"微观心流(微流)"。

当心流的一部分而非全部的先决条件得到满足时,会产生微流。此时进入心流境界的条件并不完美。

例如,假设你正在做与工作相关的项目。你已经消除了周围环境的干扰,确立了正反馈循环来评估进度,并发现任务虽具有挑战性但可以完成。不幸的是,你既没在精力充沛期工作,也不清楚你的使命是什么。

此时还有一线希望。你仍然可以享受简化版的心流。你的沉浸程度可能会降低,注意力和参与度可能会下降,心流体验的持续时间可能会缩短,但是你依旧能获得许多好处

（例如，更大的创造力、更少的内心批评的阻力、更高的生产力、更大的快乐和更多的满足感等）。

在这种境况下，你体验到了微流。按理说，微流体验不如完整的心流状态，但它仍然可以非常富有成效且让人满足。

## "宏观心流"是什么?

"宏观心流（宏流）"是一种综合性的心流体验，特点是对时间的扭曲感知、自我意识的丧失以及全神贯注于手头任务。所有与任务无关的内容都消失在背景中，不会引起注意。这是我们在整本书中所描述的心态。

这是心流体验的精髓，比微流更强烈、更有成效，但需要满足心流所有的先决条件。

## 从所有种类的心流中获益

总之，心流体验不像电灯开关那样不是开就是关，而是存在大范围的强度变化。关键是我们能够有效利用心流，无论它以何种强度出现。

如果环境妨碍我们享受完整的心流体验，我们仍然可以充分利用微流。虽然在微流中我们的沉浸感和参与程度没有那么深，但这种体验仍然可以促成某些最有创意、最丰富和最令我们满意的工作。

# 如何延长心流状态

人能在心流境界中停留多久，大家众说纷纭。有研究表明大脑仅能在最佳状态下运作45分钟，但此结论来自一项1979年的研究[⊖]。从那以后，我们对心流状态下的大脑活动有了更多的了解[⊖]。目前的研究表明，我们可以在心流中保持更长的时间。今天，来自各行各业的人们都报告说他们体

---

⊖ Parasuraman, R. (1979). Memory Load and Event Rate Control Sensitivity Decrements in Sustained Attention. *Science, 205(4409)*, 924-927. https://doi.org/10.1126/science.472714.

⊖ Katahira, K., Yamazaki, Y, Yamaoka, C., Ozaki, H., Nakagawa, S., & Nagata, N. (2018). EEG Correlates of the Flow State: A Combination of Increased Frontal Theta and Moderate Frontocentral Alpha Rhythm in the Mental Arithmetic Task. *Frontiers in Psychology*, 9. https://doi.org/10.3389/fpsyg.2018.00300.

验到了几个小时的心流。

不幸的是，尽管我们有能力长时间保持心流状态，但大多数人都让这样的机会从指缝中溜走了。2013 年，麦肯锡公司报告了对 5,000 名高管进行的一项为期 10 年的调查结果。一小部分高管报告说他们有高达一半的时间处于心流状态，然而大部分人在心流状态下的时间不足10%[一]。

环境有时会抑制甚至破坏我们的心流体验。例如，一个病急乱投医的同事可能会在明知我们没空的情况下闯入办公室，从而影响我们的注意力。在家里，家庭成员可能有急病需要立即就医。这种情况需要优先处理。

但这种情况很罕有。心流体验更经常因我们自身可以控制的因素缩短或中断。牢记这一点，以下几个有效的步骤能够帮助我们在进入心流境界后留驻其中。

## 首先解决小的、分散注意力的任务

每天，我们的注意力都被许多小任务分散了。它们堆积

---

[一] *Increasing the 'meaning quotient' of work.* (2013, January 1). McKinsey & Company. https://www.mckinsey.com/capabilities/ people-and-organizational-performance/our-insights/ increasing-the-meaning-quotient-of-work.

如山，笼罩着我们，催促我们去解决。例如，我们会收到需要回复的电子邮件和短信，会注意到待处理的语音留言而心生好奇，也知道办公桌上摞着的文件需要归档。

即使这些事情萦绕在心头，我们还是可以触发心流状态，但它们毕竟是一种干扰，会吸走一些注意力资源。我们可以通过在进入心流之前完成这些任务来避免这种情况——回复邮件和短信，收听语音留言（必要时回复），归档文件。

当这些杂事从脑海中清除，我们便可以更轻松地延长心流体验。

## 强化挑战

回想一下，心流的先决条件之一是任务或活动的难度与我们完成它的能力之间的平衡。我们必须感到挑战性，但仍然相信自己能够战而胜之。

有时，一项任务一开始可能具有挑战性，但随着我们的努力，它会变得越发简单。随着时间推移，它甚至会让我们感觉无聊。

例如，假设你有一份数据录入的新工作。起初你会感到挑战性，因为你专注于以最少的错误输入数据。然而，随着时间的推移，肌肉记忆逐渐增强，工作就变得单调乏味。挑战性丧失，它和你的能力之间的平衡被打破了。这不利于实现心流。

我们可以通过增加任务的难度来抵消这种影响并重新建立挑战/技能的平衡。其中一种方法是游戏化，我们在"第七步：选择有挑战性（但能做到）的任务"中讨论过。另一种方法称为"强行沉浸"（tangential immersion），即同时进行两项乏味的任务来让我们的大脑忙碌起来[一]。

关键在于，重新平衡任务的挑战/技能比可以帮助我们保持心流状态，否则我们的思绪可能会因为无聊而走神。

## 聆听合适的声音

许多人认为，安静是专注的盟友，因此有助于延长心流状态。虽然安静可能适合某些人，但并不普遍适用。大量研究表明，大脑对某些声音有积极反应。

例如，1993年研究人员指出听莫扎特的音乐可以提高空

---

一 关于强行沉浸的研究是近期最新出现的。后续研究需要确定它对延长心流状态效果如何。该领域值得关注。

间推理能力，这被称为莫扎特效应[一]。近期的研究表明，聆听白噪声可以帮助我们保持专注，同时提高创造力[二]。研究人员还研究了双耳和单耳节拍[三]对我们的注意力和认知表现的影响[四]。

聆听特定的声音可以帮助我们延长心流状态，但是各种声音的效果因人而异。在这种情况下，你需要进行试验来发现对你最有效的声音。

例如，你可能会发现莫扎特效应会损害心流体验，而巴赫音乐的格调却是心流的理想伴侣。或者，你可能会发现白噪声会分散注意力，而使用低频声波的"粉红噪声"则具有

[一] Rauscher, F H., Shaw, G.R., & Ky, K. N. (1993). Music and spatial task performance. *Nature, 365(6447)*, 611. https:/ /doi. org/10.1038/365611a0.

[二] Awada, M., Becerik-Gerber, B., Lucas, G. M., & Roll, S. C. (2022). Cognitive performance, creativity and stress levels of neurotypical young adults under different white noise levels. *Scientific Reports, 12(1)*. https://doi.org/10.1038/s41598-022-18862-w.

[三] 当人的双耳分别聆听频率略有差异的相同旋律时，大脑会产生某种幻觉，称为"双耳节拍效应"。双耳节拍对人体的利弊尚有争议。——译者注

[四] Engelbregt, H., Meijburg, N., Schulten, M., Pogarell, O., & Deijen, J.B. (2019). The Effects of Binaural and Monoaural Beat Stimulation on Cognitive Functioning in Subjects with Different Levels of Emotionality. *Advances in Cognitive Psychology, 15(3)*, 199-207. https://doi.org/10.5 709/acp-0268-B.

相反的效果。

广泛试验多种声音，记下结果，找到最适合你的声音。

## 提前计划以防干扰

有些干扰是不可避免的。你对它们无能为力，必须使用补偿策略来保持专注。例如，你的工作场所也许经常有同事聊天，如果无法预订会议室或其他安静的空间，你可能需要佩戴降噪耳机。

但仍有很多可能破坏我们的注意力并使我们脱离心流状态的干扰是可以避免的。如果我们能预见到，就可以提前计划以避开它们。

例如，我们可以将手机静音、断开互联网以及在没有挂钟的房间里工作。如果有独立办公室，我们可以关上门。如果在家工作，我们可以告诉家人在规定的时间内不要打扰，除非有紧急情况。为避免饥饿感分散注意力，我们可以在工作前吃一顿富含蛋白质和健康脂肪的小餐。我们可以将大任务分解成小任务以避免因任务过重而分心。

通过采取上述及其他预防措施，我们可以保护自己免遭可能造成干扰的混乱。这样做可以让我们在更长的时间内完全沉浸在任务中。

## 工欲善其事，必先利其器

根据不同的任务或活动，你需要特定的工具。这些工具可以是实物，例如参考书、纸质文件和各种设备（例如，笔记本电脑、绘图工具包、炊具等）；也可以是虚拟物品，例如云存储文件、笔记软件，或者用于参考、分析和计算的各种App。

如果没有事先准备好这些资源就开始工作，我们就需要中途停下来，临时去找工具。这样做会破坏心流体验。如果迟迟找不到需要的东西，甚至可能毁了心流。

事先集齐工具，确保拥有所需的一切资源，这样我们就可以避免因寻找工具而打断心流。

有时，完成任务或活动所需的工具不容易获取。在这种情况下，先记下需要的东西，进行下一步，事后再回来找。

例如，写书时，我经常需要参考行为科学家所做的研究。此时我没有停下来，而是输入"{XYZ}"后继续往下写。稍后，我再搜索文档中的这个字符串，并进行相关检索以找到合适的研究。这让我可以不间断地连续写作。

## 总结

当我们只有很短的时间可用时，不存在延长心流状态的问题。但如果我们有幸时间比较充裕，就可以采取简单的步骤来延长心流体验。从持续的心流状态中获得的好处值得我们付出努力。

# 心流的潜在阴暗面

产生心流的愉悦活动……可能会让人上瘾，此时自我成为某种秩序的俘虏，然后不愿应对生活的不确定性。

——米哈里·契克森米哈赖

我们讨论心流的时候通常注重它的收益和报偿。可以肯定的是，好处很多而且很有价值。心流帮助我们提高生产力，更具创造性，减少压力和焦虑，并且让我们对自己的努力更加满意。如果定期实践心流，我们体验到的收益和报偿甚至可以改善生活质量。

不过，心流也有阴暗面，虽然很少论及，但却值得关注。尽管心流常被说成是"意识的最佳状态"，但如果我们不保持足够的警惕，它可能会导致负面后果。

## 当心流成瘾时

心流与成瘾之间的联系尚未完全明了。研究人员怀疑心流体验会释放几种神经递质，其中一种是多巴胺———一种让人"感觉良好"的化学物质。普遍的观点是，心流使大脑接触多巴胺，从而使个体产生欣快感，因而刺激个体一次次地体验这种感觉。

这种强迫性常见于那些经常从事冒险活动的人身上。想想赌徒们，他们沉醉于在投机游戏中获胜时的刺激感，然后持续下注，追逐那种快感，哪怕损失越来越大也要再次体验它。

想想那些"肾上腺素瘾君子"，他们参加跳伞、攀岩和滑翔伞等各种危险活动时多巴胺会激增。活动结束后，他们会经历一段冷静期。此时快感消退，他们强烈渴望再次拥有那种感觉（这就是戒断反应）。

这种经历在各种瘾君子中都很常见。此处的重点是，它也可能发生在那些花大量时间在心流状态上的人身上。这可能导致错误的风险评估和冒险行为[一]。

---

⊖ Schüler, J., & Nakamura, J. (2013). Does Flow Experience Lead to Risk? How and for Whom. *Applied Psychology: Health and Well-Being, 5(3)*, 311-331. https://doi.org/10.1111/aphw.12012.

## 缺乏对事态的感知

心流常见的特征之一是，当我们专注于眼前的任务时，周围的世界就会消失。处于深度心流状态中的我们会意识不到附近发生的事情。我们将注意力资源完全投入到正在做的事情上，因此对事态的感知下降了。正在体验心流的人看起来像着了魔，这种情形并不少见。

缺乏对事态的感知可能会产生负面后果，有时是轻微的，有时是灾难性的。假设你在工作中处于心流状态，没有听到同事在对你说话，那么这个人可能会觉得你无视他而心生怨恨。

或者想象一下，你在家中以心流状态工作。你独自一人，但厨房着火了。此时缺乏对事态的感知会造成极大危险。

## 如何保持控制

处于心流状态时，保持控制关乎自我意识和自我管理。讽刺的是，体验心流的次数越多，对这两者的需求就越大。我们很可能太习惯处于心流境界中了，以至于对自己的情绪倾向和行为倾向丧失了警惕。

我们可以通过练习正念（mindfulness）来避免这个问题。表面上，两种做法似乎自相矛盾。如何在体验心流造成的意识缺失的同时，保持对自己和周围环境的关注呢？研究表明，虽然正念似乎与心流开始阶段的心流吸收（flow absorption）不相容，但它却似乎与心流控制（flow control）相辅相成，后者发生在心流的深入阶段<sup>⊖</sup>。

对正念和心流之间联系的研究仍然有限。我们在等待这一研究领域蓬勃发展的同时，可以进行一些基本的正念练习以改善我们对情绪和行为的控制。下面是一些简单的日常活动：

- 行禅（walking meditation）<sup>⊖</sup>
- 主动聆听
- 正念饮食<sup>⊖</sup>
- 静坐

---

⊖ Sheldon, K. M., Prentice, M., & Halusic, M. (2015). The Experiential Incompatibility of Mindfulness and Flow Absorption. *Social Psychological and Personality Science, 61(3)*, 276-283. https:// doi. org/10.1177/1948550614555028.

⊖ 行禅指以步行的姿势进行禅修。——译者注

⊜ 正念饮食是指用正念去进食，全身心地投入到整个进食过程，用心体会食物本身。——译者注

● 箱式呼吸<sup>⊖</sup>

这些练习简单易行，并且可以在短时间内完成。如果你从未练习过正念，它们是很好的起点。

## 前方的路

研究人员仍在探索心流与其不利影响之间的关系。但迄今为止的证据表明，心流体验无疑存在阴暗面。忽视它会让我们面临更大的风险。

我们可以通过优先练习情绪和行为的自我调节来规避风险。在训练自己触发和利用心流体验的同时，提高自我意识和自我控制能力，对我们大有裨益。基于此原因，我强烈建议在时间允许的情况下进行上述简单的正念练习。

---

⊖ 箱式呼吸，又称四方呼吸，指 4 秒吸气、4 秒屏息、4 秒呼气和 4 秒屏息的呼吸循环。——译者注

# 第五部分

## 练习进入心流状态的 10 个简单活动

**05**

条件完美时，触发心流状态相对容易。没有干扰的环境是最理想的，每晚获得充足的睡眠，在精力充沛期工作，以及以合适的挑战/技能平衡来做事情同样重要。但是若想随心所欲地触发心流，就需要磨炼能力。

正如运动员锻炼身体准备比赛一样，我们可以锻炼自己的大脑进入并维持心流。这个部分的10个练习，旨在训练我们的头脑适应心流体验，会对你有所帮助。

你可能有跳过这些练习的念头。摒弃这个念头。如果放任自流，大脑会自然地偏向做白日梦、一心多用和忧心忡忡，这些倾向对心流有害。进行以下练习将帮助我们在关键时刻对抗和抑制这些不良倾向。

我们开始吧!

## 活动一：慢节奏阅读长篇非虚构作品

如今，阅读已成为一门失传的艺术，相当数量的人一年到头读不了一本书[一]，而那些选择线上阅读的人往往半途而废[一]。

我们喜欢扫读，而非阅读。眼睛在段落之间游移，寻找

---

[一] 皮尤研究中心 2016 年发布的一项调查显示，27% 的美国人在前 12 个月里没有读一本书。Perrin, A., & Perrin, A. (2020, May 30). Book Reading 2016. Pew Research Center: Internet, Science & Tech. https://www.pewresearch.org/internet/2016/09/01/book-reading-2016/.

[一] *Slate*（一本美国网络杂志——译者注）2013 年发布的一项调查显示，平均只有 5% 的读者阅读网上的文章时能读完。虽然这项调查有点久远，但我怀疑这种趋势如今依然存在。Manjoo, F. (2013, June 6). You Won't Finish This Article. Slate Magazine. https://slate.com/technology/2013/06/how-peopleread-online-why-you-wont-finish-this-article.html.

那一刻感兴趣的词句或细节。找到之后，那些字句吸引了注意，我们会慢下来。否则，我们会继续浏览。

互联网只会加剧这种趋势。触手可及的内容每年都呈指数级增长，其结果是，扫读和浏览不只为了方便，也成了一种必要。

所以本活动——慢节奏阅读长篇非虚构作品——可能需要我们付出努力。它要求我们在阅读时放慢速度。我们要训练自己的头脑真正地吸收阅读的内容，而不是一篇篇地浏览文章。

我们可能会发现，自己比想象的更享受这种阅读方式。


## 试一试

第一步，找到一个可以提供长篇非虚构内容的资源库。以下是我最喜欢的几个网站：

- LongForm.com<sup>⊖</sup>
- LongReads.com
- Atavist.com

---

⊖ LongForm.com 已不再经常发布新文章了，但其巨量的库存文章（10,000+ 篇）仍能读到。

- EpicMagazine.com
- r/indepthstories<sup>⊖</sup>

第二步，选择一篇你感兴趣的文章，越长越好。如果可能，选图片尽量少的，没有更好。

第三步，找一个安静的地方阅读你选择的文章，可以是家庭办公室、附近的公园，甚至在空旷停车场的车内<sup>⊖</sup>。

第四步，设置计时器。如果你不习惯阅读长篇文章，那么你在长时间阅读时可能难以集中注意力，哪怕是你感兴趣的主题。设置10分钟的计时器，随着注意力的改善，再逐渐延长阅读时间。

最后，说不定是最重要的一步，就是专注于你阅读的每个字词、句子和段落。吸收它们，理解它们是如何支持或削弱文章的核心观点的。

所需时间：15分钟，选好文章并完成第一个阅读节段。

---

⊖ 这是Reddit论坛的一个板块，成员会上传调查新闻的链接。
⊖ 这曾是我最爱的阅读地点，出奇地安静。但要确保周边安全（比如，热门零售超市开门前一小时的停车场）。

# 活动二：头脑风暴，为现存问题找寻具有创新性的解决方案

遇到一个熟悉的问题时，我们会本能地用曾经奏效的方案来解决。例如，如果下班通勤的路上遇到堵车，我们会走以前走过的另一条路。如果没有计划好晚餐吃什么，我们会从一家可靠且受欢迎的餐厅叫外卖。

这是解决问题的实用方法。它节约了时间，节省了精力，并产出一个过得去的解决方案。

而我们在遇到不熟悉的问题时也会采取类似的方法，至少开始时是这样。我们会先考虑过去用过的策略：它们适用于目前的情况吗？如果适用，先试一试；如果不适用，再运

用创造力、专业知识、洞察力以及我们掌握或可发现的任何事实细节，头脑风暴出一个解决方案。

创造力在心流体验中起着至关重要的作用。事实上，它与心流有着共生关系。契克森米哈赖将心流描述为"走出日常生活的常规，进入不同现实的感觉"。处于心流境界中的我们更有创造力。

反过来，研究还表明，跳出框框思考有助于引发心流[1]。人类非常擅长识别日常生活中的一定之规，并往往因此随波逐流，但当人们进行头脑风暴，为这些常规注入新的观念时，就为心流铺平了道路。我们的注意力变得更加清晰，参与度提高了，拘束感和自我意识退居幕后。此时我们就被卷入心流境界了。

考虑到这一点，我们应该加强自己的创造性"肌肉"。下面是一个快速有趣的练习，可以帮助我们做到这一点。

---

[1] Schutte, N. S., & Malouff, J.M. (2020). Connections between curiosity, flow and creativity. *Personality and Individual Differences, 152*, 109555. https://doi.org/10.1016/j.paid.2019.109555.

## 试一试

这个练习有两个步骤。首先，想一想你目前正在处理的问题。如果没有（真走运！），回想你近期遇到的一个问题，可大可小，可重可轻。

其次，进行头脑风暴，找出解决这个问题的所有可能性。不要给自己设限。写下所有想到的方案，无论多么滑稽或不切实际。除了你自己，没有人会看到这个清单，而且你也可以在问题解决后销毁它。

例如，假设你的问题是一位健谈的同事经常来访并打断你的注意力。你列举的解决方案可能如下：

- 张贴标语，上书"请勿打扰！"。
- 告诉"贝丝"（这位健谈的同事）你正在心流境界中，需要集中精力。
- 告诉老板给"贝丝"派点活干。
- 请另一位同事在"贝丝"过来的时候截住她。
- 每次"贝丝"过来闲聊的时候，给她定一个聊天清单。
- 假装正在进行电话会议。
- 在"贝丝"刚要说话时插嘴（她可能会发现跟你聊

天没意思，以后就不来了）。

- 和她对着干。"贝丝"抱怨的时候你高兴，她高兴的时候你愤世嫉俗。

- 讲一些你知道会惹恼"贝丝"的笑话。

- 不停地说："贝丝，我听不懂。"

上述某些"解决方案"不切实际，并可能会招致更大的麻烦。但这个练习的目的不是解决问题，相反，它是为了培养我们的创造性思维。

说实话，这么做你挺开心的，对吧？

所需时间：10分钟。

## 活动三：练习呼吸以提高注意力

大多数人都认为呼吸是理所当然的，我以前也这么想，直到若干年前。彼时，我感到压力过大，不知所措。所以我闭上眼睛，全神贯注地吸气，然后呼气。深呼吸。吸气，呼气。吸，呼。

这样做出于一时兴起，因为我需要一种方法来摆脱自己感受到的压力，结果发现这个简单的呼吸程序正是我当时所需要的。不到一分钟后，我就感到放松，重新集中了注意力。

我感觉……很好。

当然，给我带来压力的情境仍然存在，但我可以用平静而不是疲惫的心态来面对。这让世界发生了翻天覆地的变化。

那一刻，我发现了进行呼吸练习的好处。这种顿悟可能听起来很蠢，因为呼吸是自然发生、不假思索的。不过，有目的地呼吸是另一回事，它能给我们带来自然呼吸无法获得的奖赏。

大量研究强调了进行呼吸练习对生理和认知的好处[1][2][3][4]，此处无须赘述。你只需要知道，深呼吸可以减轻压力，让你不那么脆弱。

后一种影响（对认知的影响）值得注意。这是因为深呼吸有助于我们在压力大的时期调节情绪。我们不再感到不知所措，而会更加留心、清醒、放松和专注。这种心态使我们更容易获得心流体验。

[1] Zaccaro, A, Piarulli, A, Laurino, M., Garbella, E., Menicucci, D, Neri, B., & Gemignani, A. (2018). How Breath-Control Can Change Your Life: A Systematic Review on Psycho-Physiological Correlates of Slow Breathing. *Frontiers in Human Neuroscience, 12*. https://doi.org/10.3389/fnhum.2018.00353.

[2] Jerath, R., Crawford, M. W., Barnes, V. A., & Harden, K. (2015). Self-Regulation of Breathing as a Primary Treatment for Anxiety. *Applied Psychophysiology and Biofeedback, 40(2)*, 107-115. https://doi.org/10.1007/s10484-015-9279-8.

[3] Doll, A., Hölzel, B. K., Bratec, S. M., Boucard, C. C., Xie, X., Wohlschläger, A. M., & Sorg, C. (2016). Mindful attention to breath regulates emotions via increased amygdala-prefrontal cortex connectivity. *Neurolmage, 134*, 305-313. https://doi.org/10.1016/j.neuroimage.2016.03.041.

[4] Ma, X., Yue, Z. E.J., Gong, Z., Zhang, H., Duan, N. Y, Shi, Y, Wei, G., & Niu, X. (2017). The Effect of Diaphragmatic Breathing on Attention, Negative Affect and Stress in Healthy Adults. *Frontiers in Psychology, 8*. https://doi.org/10.3389/fpsyg.2017.00874.

## 试一试

试试这个简单的呼吸程序，只需几分钟。你几乎可以随时随地进行。

开始之前，先正常地呼吸几次。如果你和大多数人一样的话，这些呼吸会相对较浅。接下来，进行几次缓慢的深呼吸，让空气充满你的下腹部<sup>⊖</sup>。感觉不一样了吧？

现在，闭上眼睛，用鼻子慢慢吸气。数到五。吸满气后，屏住呼吸。再数到五。然后，从嘴里慢慢呼气，同时数到五。

重复五次。

现在睁开眼睛。你几乎肯定会感到更加放松、清醒和专注。虽然一开始很难注意到，但你正在培养一项重要能力：困难情况下的情绪管理。这种能力将使你不那么容易感到茫然失措，并且能够更好地集中精力向前进。

我建议每天按照这种呼吸程序练习几次。你会发现这样做的收益远超其所需的极少时间和精力。

所需时间：5分钟。

———————

⊖ 这叫"腹式呼吸"。

# 活动四：冥想十分钟

冥想常被误认作呼吸训练——尤其是对那些不熟悉的人来说，但是两者非常不同。

呼吸训练利用多种呼吸技巧来改善身心健康。我们的身心受益于涌入血液的氧气。如上一节所述，它有助于减轻压力，让我们放松，并提高注意力。

冥想主要是使用不同的练习来产生认知上的好处。它不仅可以缓解压力，让我们放松，提高注意力，还可以改善睡眠，增加注意力，帮助我们控制情绪。研究甚至表明，长期冥想者受年龄相关的认知衰退的影响较小[一]。

---

⊖ Luders, E., Cherbuin, N., & Kurth, F. (2015). Forever Young(er): potential age-defying effects of long-term meditation on gray matter atrophy. *Frontiers in Psychology, 5*. https://doi.org/10.3389/fpsyg.2014.01551.

冥想不是呼吸训练的替代品，两者是互补的，都给予我们特殊的回报。

多数人都用老眼光看待冥想，想象有人静静地坐在枕垫上，闭着眼睛，双腿交叉，双臂伸展，手指相碰，可能还会背诵咒语或发出轻柔的哼鸣。

实际上，冥想有很多种<sup>○</sup>，有些可以在做其他事情的同时进行。在下面的活动中，我们来尝试冥想的一种——行禅。

## 试一试

行禅的一大好处是它给我们活动身体的契机。除了通常的认知收益外，我们还得到了一些锻炼。说实话，谁不喜欢悠闲地散步呢？

首先，要穿舒适的衣服。如果你打算在户外进行，也要穿舒适的鞋子。（如果愿意，你也可以在室内行禅。）

开始行走前，请站稳并深呼吸几次。此时请关注你的身

---

○ 举几个例子：冥想还包括超觉静坐（transcendental meditation）、可视化冥想（visualization meditation）、引导冥想（guided meditation）和内观禅修（vipassana meditation）等。

体，关注脚、腿、腹部、胸部、手臂和脖子的感觉。暂时忽略周围发生的事情，而要专注于你正在体验的身体感觉。

现在，开始以不紧不慢的步伐行走。专注于每一个脚步。注意每次抬起双腿时的感觉。观察手臂如何随着脚步来回摆动。注意呼吸、步态和姿势。你的身体感觉灵活还是僵硬？

继续行走，此时将你的意识扩展到身体之外。注意经过的汽车、旁边的树木或建筑物，以及周围的声音和气味。注意附近的其他人。

辨识细节：刚刚开过的那辆车的品牌和型号是什么？那个行人穿的是什么？那栋楼有多少层？

想停就停，想走就走。

行禅对我们有两个好处。首先，它帮助我们从日常生活的各种干扰中解脱出来。其次，它训练我们的头脑集中注意力。注意力越强，你就越容易随意进入心流境界。

另外，它也很有趣、很轻松，而这正是很多人在生活中所需要的。


所需时间：至少10分钟。

# 活动五：积极倾听

有没有发现，当有人和你说话时，你的思绪总是在游荡？你开始想其他事情，比如与工作相关的问题、乱七八糟的杂事、午餐吃什么。我们可能假装在注意倾听，甚至在适当的时候点头，但其实注意力在别处。

所有人都经历过这一点。不幸的是，糟糕的倾听会带来许多始料未及的后果，导致误解，伤害感情。若说话者推断我们缺乏同理心，会导致信任感和亲密感变差。如果他们在传递重要信息，则可能会致使我们做出错误的决定，犯下代价高昂的错误。

糟糕的倾听的另一个惩罚是它会逐渐削弱我们专注的能力。每次我们允许自己在倾听时思绪飘荡（即"伪倾听"），实际上就是在训练自己更轻易地分心，强化了注意力不集中和逃避放弃的习惯。

需要集中注意力的时候——例如，在心流体验中——我们却做不到。我们或许能够触发心流，但不能长时间地留在其中。我们已经把自己的思维锻炼得太容易分心了。

我们必须改掉这个坏习惯，才能充分利用心流。以下活动将帮助我们重新训练和建设倾听和注意力"肌肉"。

## 试一试

你可能想要通过与他人聊天练习积极倾听，多数"专家"也这么建议。我不同意，至少在一开始时不能。在我看来，我们应该更加小心地处理人际关系。在将此技能修炼到基本水平之前，我们不应该让别人当陪练。

所以，要选择播客或 TED 演讲来练习，最好挑选你不感兴趣的话题[一]。

接下来，你要准备一支笔和一张纸，设置一个 60 秒的计时器。启动计时器，播放演讲。专心倾听演讲者，关注他

---

一 听别人讲我们感兴趣的事情很容易。为了磨炼积极倾听的技能，我们需要挑战自我。

们的观点。

计时器响起时，停止播放。写下演讲者提出的每一个要点。如果他们讲故事，请写下细节。如果他们提供建议，则记下具体内容。

重复此过程，直到你能回忆起 60 秒内演讲者所说的所有内容。然后，将计时器设置为两分钟，之后3分钟，依次类推。

一旦你能成功地进行一个10分钟的倾听节段，再找人练习。练习需要包括表达兴趣、提出问题、要求澄清，并总结对方的陈述和想法。

但现在，先从播客和 TED 演讲开始吧。这么做的好处是你可以在方便的时候私密地练习。

所需时间：10分钟。

# 活动六：进行正念训练

正念和心流之间的关系是复杂的。乍一看，两者并不一致：前者增强了我们的一般意识，后者则收窄了注意力，以减少对周围世界的意识为代价增加我们对特定任务或活动的参与度。

正念和心流似乎水火不容。意识如何能同时变强又变弱？研究表明，正念可以改善心流的某些方面，同时会损害其他方面。

2015年的一篇对三项研究的综述发现，正念增强了特质心流（trait flow，其定义是在全神贯注的状态下集中注意力的能力）<sup>⊖</sup>。2016 年，一项对竞技自行车运动员的研究发现，为对抗焦虑和悲观而采取的基于正念的干预措施会引发心流体验<sup>⊖</sup>。2021年，研究人员指出，正念确实可以促进心流，因为两者都会增加对当下时刻的参与度<sup>⊖</sup>。

正念支持心流的程度尚无定论。但到目前为止，有证据表明两者存在正相关。

由于大量且不断增多的研究，我们知道了正念会提供许多健康方面的益处——包括身体健康和心理健康。鉴于它还能促进心流，我们有充分的理由更加努力地进行正念训练。

⊖ Schutte, N. S., & Malouff, J. M. (2023). The connection between mindfulness and flow: A meta-analysis. *Personality and Individual Differences, 200*, 111871. https://doi.org/10.1 016/ j.paid.2022.111871.

⊖ Scott-Hamilton, J., Schutte, N. S., & Brown, R. F (2016). Effects of a Mindfulness Intervention on Sports-Anxiety, Pessimism, and Flow in Competitive Cyclists. *Applied Psychology: Health and Well-Being, 8(1)*, 85-103. https:// doi.org/10.1111/aphw. 12063.

⊖ Marty-Dugas, J., Smith, A. C., & Smilek, D. (2021). Focus on your breath: Can mindfulness facilitate the experience of flow? *Psychology of Consciousness*. https://doi.org/10.1037/cns0000251.

## 试一试

本活动称为"五感训练"。这不是我发明的，但无论是谁，都值得一枚奖章。它有趣、简单、轻松、方便，几乎可以随时随地完成。我喜欢在逛本地公园时快速过一遍，你也可以在家中、工作场所或步行时练习。

步骤如下：

首先，注意附近所有你可以看到的东西，包括人、汽车、建筑物和树木（如果在公园，还包括松鼠）。关注小细节，包括可能被忽略的细节。路人穿什么样的衣服？哪些品牌和型号的车辆从身边驶过？

然后，注意你可以感觉到的东西。如果坐在长椅上，注意你的下方是否坚固。如果外面有风，注意风吹在皮肤上的感觉。如果你在走路，注意裤子接触到腿时的感觉。

现在，注意你可以听到的东西。在公园里，你可能会听到附近有孩子在玩耍。坐在厨房里，你可能会听到冰箱的嗡嗡声。在工作场所，你可能会听到同事打电话、打印机运转以及使用订书机的声音。

之后，注意你可以闻到的东西。如果在午餐时间散步休息，你可能会嗅到附近餐馆的食物香气。如果在家时你的另一半路过，你可能会闻到他用过的洗发水的味道。如果有人在附近抽烟，你可能会闻到烟味。

最后，注意你可以尝到的东西。我喜欢闭上眼睛品尝，因为这可以让我集中注意力。注意你咀嚼的口香糖的味道。注意你喝的饮料的口味。吸气和呼气时，专注于呼吸本身。

这项活动有助于我们扩大当下的意识。当我们既没有时间又缺乏私密性来做更正规的训练时，它可以让我们练习正念。

所需时间：5分钟。

# 活动七：极度专注地做你最喜欢的活动

日常活动中，我们在很大程度上依赖肌肉记忆不假思索地执行适用的行为技能。每重复一个动作，大脑中就会产生神经通路，动作越频繁，通路就越强。最终，这个动作可以自动完成。

例如，回想一下你是什么时候学会骑自行车的。你在不熟悉这项运动时，可能发现第一次骑不好。但每次尝试都变得越来越容易。每次你爬上自行车，抓住车把，开始踩踏板，你面临的困难就越少。最终，你能够毫不费力地骑车了。

现在，你可以骑"自行"车，几乎不需要考虑如何去做。那是你的肌肉记忆在起作用。

在新接触一项活动时创建的神经通路有助于在你熟练掌握它之后促进心流体验。到那时，你可以依靠肌肉记忆，而不必再认真考虑。这使你可以自由进入心流境界，物我两忘。

但是达到那种心流境界需要我们正确地执行活动。我们有可能一遍遍地错误行事，并形成强化错误的神经通路。在那种情况下，肌肉记忆实际上可能阻碍我们触发心流，并在触发心流时对表现产生负面影响。

## 试一试

这个活动类似于上一节的"五感"正念训练。但是，我们不专注于视觉、触觉、声音、嗅觉和味觉，而是专注于进行活动时的个人行为。

首先，选择一项你希望在心流状态中进行的活动，可以是某种体育运动、特定的兴趣爱好，或者与工作相关的事情。

接下来，执行此活动，同时注意它包含的每一个动作。注意你是否会不假思索地行动。你形成肌肉记忆了吗？

进行每一步时，都问问自己是否采取了正确的行动。如果没有，停下来。你需要调整以形成正确的神经通路，并建立促进心流的肌肉记忆。

假设你想在心流状态下打篮球。你需要密切注意自己如何运球、如何将球传给队友以及如何投篮，还要留心如何在队友和对手间移动。

成为一名熟练的篮球运动员需要很多"模块"。不正确地执行其中任何一个都会削弱信心，增加压力，并破坏你进入心流境界的能力。坏习惯必须改正。

我们的目标是找出影响自己做最喜欢的事的绊脚石，无论它们有多小。一旦确定，我们就可以进行调整，提高触发和维持这项活动心流的能力。

所需时间：15分钟。

# 活动八：享受一小时电子排毒

互联网是一个非常方便的工具，可用于研究、教育、交流和文件管理。我们在网上购物、支付、规划旅行、理财，与远方的朋友和亲人互动。当我们有目的和克制地使用互联网时，它是一种宝贵的资源。

手机同样有价值。除了上述用途，它还提供了无数有益的App。这些App可以帮助我们提高工作效率，追踪和管理时间，并在养成良好习惯的同时记录进度。

但这些工具是柄双刃剑：它们很有帮助，但也会带来严重的不利影响。例如，研究人员怀疑互联网可能会影响我们的大脑功能，损伤注意范围和记忆过程[⊖]。花太多时间上网

---

⊖ Firth, J., Torous, J., Stubbs, B., Firth, J., Steiner; G. Z., Yang, L., Alvarez-Jimenez, M., Gleeson, J., Vancampfort, D., Armitage, C. J., & Sarris, J. (2019). The "online brain": how the Internet may be changing our cognition. *World Psychiatry, 18(2)*, 119-129. https://doi. org/ L0.1002/wps.20617.

甚至会导致网瘾[一]。研究表明，手机会产生类似的后果[二]。像互联网一样，过度使用手机会导致手机成瘾[三]。这常常会引发焦虑、社会孤立、抑郁甚至妄想[四]。

这些影响是心流的灾难，它们会完全阻止我们体验心流。

多数人不能也不该放弃电子人生。这样做是不切实际甚至愚蠢的。可以说，正确使用这些工具可以改善我们的生活

---

[一] Kumar, M., & Mondal, A. (2018). A study on Internet addiction and its relation to psychopathology and self-esteem among college students. *Industrial Psychiatry Journal, 27(1)*, 61. hups://doi.org/10.4103/ipj.ipj_61_17.

[二] Small, G. W., Lee, J., Kaufman, A., Jalil, J., Siddarth, P , Gaddipati, H., Moody, T. D., & Bookheimer; S. Y (2020b). Brain health consequences of digital technology use. *Dialogues in Clinical Neuroscience, 22(2)*, 179- 187. https:/ /doi.org/10.31887/dcns.2020.22.2/gsmall.

[三] Ratan, Z. A., Parrish, A., Zaman, S. B., Alotaibi, M. H., & Hosseinzadeh, H. (2021). Smartphone Addiction and Associated Health Outcomes in Adult Populations: A Systematic Review. *International Journal of Environmental Research and Public Health, 18(22)*, 12257. https://doi.org/ 10.3390/ijerph 182212257.

[四] Guo, W, Tao, Y, Li, X., Lin, X., Meng, Y., Yang, X., Wang, H., Zhang, Y, Tang, W., Wang, Q, Deng, W., Zhao, L., Ma, X., Li, M., Chen, T., Xu, J., Li, J., Hao, W., Lee, S., ... Li, T. (2020). Associations of Internet Addiction Severity With Psychopathology, Serious Mental Illness, and Suicidality: Large-Sample Cross-Sectional Study. *Journal of Medical Internet Research, 22(8)*, e17560. https:/ /doi.org/10.2196/17560.

质量。

尽管如此，我们可以有所节制。


## 试一试

本活动是所有活动里最简单的，你可能还会发现它是最令人愉悦的。我们来做一次60分钟的电子排毒。

首先，检查你的日程安排。选择一个你可以离开电脑、电话和其他设备1小时的时间。我们不希望任何事情干扰此活动。

关掉手机。把它放在看不见的地方，这样你就不会想用它。

远离电脑。仅断开网络连接是不够的，还要不看屏幕。

别开电视。不要用一个屏幕代替另一个屏幕。

不开车。除非你开的是老旧车型，否则车里可能装有电子设备，例如娱乐系统和仪表板上的各种传感器。

在接下来的一个小时做任何你想做的事，只要用不到手机和其他小工具。例如，写日记、阅读、散步、打扫房间、洗车或收拾花园。

享受没有电子产品的时光吧。如果这样做时你更加放松、专注、自信和富有创造力，请不要感到惊讶。

所需时间：60分钟。

## 活动九：扪心自问，找到阻碍心流的因素

心流的阻碍因素有很多，其中那些源于并停留在我们思想中的最阴险。我们经常不了解，因此无法解决它们。它们隐藏在幕后，在我们不注意的情况下起反作用。

举一个我生活中的例子。年轻时，我是一名游泳运动员。从一开始我就喜欢这项运动并对它充满热情，但随着年龄的增长，其他事情对我来说变得越发重要了。因此在练习和比赛中，我越来越难以进入心流境界。那个时期，我并没有意识到为什么找寻不到心流。

我做着曾经喜欢但后来不再中意的事情，在这种奇怪的精神炼狱中度过了多年。我不能原谅自己日渐下滑的表现，挫败感逐渐增强。

最终，我想通了。我坦率地问自己对这项运动的感受，发现内心已毫无激情。我的大脑曾经习惯于热爱这项运动，以至于现在都要强迫自己去爱它。这是一个顿悟。我退出了游泳竞技，立即感觉好多了。

那时，在练游泳的同时我也在学弹吉他，但也很难进入心流境界。那是因为我在分散情感和注意力资源。放弃游泳释放了这些资源，我将它们倾注于弹吉他。这才是我真正想做的事情，于是获得心流也变得容易了。

心流的内部阻碍因素经常不易识别。扪心自问是发现它的一种有效方式。一旦它们暴露出来，我们就可以建设性地将其解决。

## 试一试

用管道工程的术语来说，此活动将有助于疏通我们的心理管道。它给了我们一个自检的机会，最终冲刷掉可能堵塞心流的认知和情感碎屑。

我们要坦率地问自己三个问题：

1. 为什么这项活动对我很重要？

2. 我想通过这项活动达到什么目的？

3. 如果我实现了目标，我会有什么感觉？

当然，我们还可以提出许多其他问题。但这三个问题直指事情的核心。

我们可能会发现，自己以为重要的活动不再重要（或者可能从来都不重要）；可能会了解到，自己对某事真的充满热情，但做事的目的不明确；可能会意识到，我们实现目标后并不会如想象那样地感到满足。

这个活动让我们清醒。它疏通了精神管道，为我们体验心流扫清了道路——无论此处还是别处。不管怎样，它帮助我们决定是否应该做我们准备做的事情。

（我保证不再讲术语了。）

所需时间：15分钟。

# 活动十：总结阅读内容

在本部分的开头，我提到阅读已经成为一门失传的艺术。这是真的，但不准确。更准确的说法是我们很少细心阅读。我们会略读、扫读，浏览文章、报告甚至整本书，寻找此刻认为有趣或相关的细节。

这种做法是有目的的。我们很忙，略读可以帮助我们优化时间。很多时候，对作者的观点有一个大致的印象就足够了，如果我们正忙，为什么要把宝贵的时间浪费在不必要的细节上呢？

问题是，这样做我们会变得过于习惯略读，以至于"深层阅读"的过程萎缩了。这包括演绎推理、批判性分析，以及反思、评价甚至共情作者的能力。随着这种不良习惯的侵

蚀，我们变得更容易分心，发现自己更难集中注意力，这阻
碍了引发心流的能力。

我相信你对此感同身受。你有多少次浏览了一篇文章，
却发现读到最后，无法回忆起作者的主要观点？如果文章包
含重要的细节，你可能不得不从头再读。

每个人都遇到过这个问题，某些人还会整天一次次地反
复体会。它损害生产力，导致我们处置失当，浪费注意力资
源。并且，它阻断了心流。

因此，我们来重建深度阅读技能吧。在此过程中，我们
将提高注意力，抵御不断试图劫持注意力的各种干扰。


## 试一试

拿几本涵盖各种主题的杂志。不要时事和明星八卦类
的，而要选择提供更有洞见、更多思考、更具争议的内容的
杂志，比如《科学美国人》《纽约客》和《今日心理学》。

我建议阅读纸质版而非网络版杂志，后者干扰太多。

从你面前的一本杂志中选择一篇短文（例如，少于
1,000字）。通读到底，不要做笔记，不要重读段落，不要
停下来记忆细节。持续阅读。

读完文章后，使用不超过三个句子进行总结。你可以写下来或口头总结，先不要看文章。

写下（或说完）总结之后，对照检查准确性。是否抓住了作者的要点或想法？是否符合文章结构？如果是，换更长篇幅的文章（比如2,000字）重复此练习；如果否，则用较短的文章再练习。

深层阅读有助于我们提升觉知，加强专注力。它训练我们的头脑完全沉浸在正在阅读的内容中，远离周围的干扰和纷乱。

这是学习触发心流状态的极佳练习。

所需时间：25分钟。

# 结　语

心流总是被看作一个谜。大多数人，哪怕是那些经常经历它的人，都认为它是偶然发生的。他们享受它的出现，却感到对它的控制微乎其微。

事实上，你可以随时引发心流。这主要是训练的问题。一旦适当的模块各就各位，你就可以掌控一切。你可以随意触发这种最佳精神状态，体验更大的创造力、轻松的专注力和全情投入。在这种状态下，你不仅做得最好，而且会感到与自我的联系更为紧密。

《心流的艺术》既是一本说明书，也是一场工作坊。它为学习触发心流提供了一个循序渐进的行动计划，也在此过程中安排了一系列经过专门设计的练习。

现在，你拥有了适合自己的、在任意时间进入心流境界的工具。无论你是音乐家、运动员、公司经理、自由职业者、全职父母，或是上述某些身份的组合，你现在都获得了实现心流的工具。

但这需要练习，需要觉知（awareness）。引发这种意识状态需要特定的先决条件，它们会决定你的心流体验，也会影响心流的质量。

这本书让一切触手可及。为此，我鼓励你先行动起来，着手练习，然后在必要时重新温习。与其他任何技能一样，进入心流境界的能力用进废退。维持熟练度需要锻炼某些"肌肉"，正如职业跑步者要通过举重来保持最佳身材一样。

不要让这本书吃灰（或吃"电子灰"，如果你买的是电子书），用最适合你的方式使用它。重读某些章节，对重点和有用的策略加深印象，或者重温某些内容以确保你将采取有目的、有效果的行动。

这是你的车，钥匙在你手中。你来决定驶往何方。我诚挚地期望你能享受这次旅程。

# 你喜欢《心流的艺术》吗

感谢你在本书中与我一起度过美好的时光。这对我意义重大，我很感激。希望你觉得这段经历有所收获。

如果你喜欢阅读《心流的艺术》并且觉得它有帮助，介意帮我一个小忙吗？可以在你购书的网站上为这本书留下简短的评论吗？为你喜欢的内容写下一两句话，对我来说这意义重大。

我可以对别人说去读这本书说到嘴皮磨破，但你的话影响更大。潜在读者更想听听像你这样读过此书的人的意见。

欢迎你通过以下网址加入我的邮箱列表：

http://artofproductivity.com/free-gift/.

我会通过邮箱简报向你推送我对生产力、时间管理和自我发展的最佳建议。你将获得克服拖延症、建立例行程序、避免倦怠、培养敏锐的注意力以及许多其他提高效率的技巧和策略！

如果你有任何疑问，或者想分享对生活产生过积极影响的技巧、技术或思维方式，请随时通过damon@artofproductivity.com与我联系。静候佳音！

下次见。

达蒙·扎哈里亚德斯

http://artofproductivity.com

# 关于作者

　　达蒙·扎哈里亚德斯是一名企业难民。他受不了多年不必要的会议、同事路过闲聊和充满干扰的工作环境，愤而出走创业。如今，除了撰写一系列时间管理和提高生产力的书籍，他还是生产力博客ArtofProductivity.com的主理人。

　　业余时间，他喜欢下棋、打扑克，偶尔也会和朋友玩电子游戏。他不断向自己保证会重新开始弹吉他。

　　达蒙和美丽贤惠的妻子以及他们那条有爱心、古怪、有时淘气的狗住在南加州。从后视镜里，你能看到他正伤感地思考着自己的 50 岁生日。